パズルの算法

手とコンピュータでの
パズルの味わい方

上原隆平 =著
Ryuhei UEHARA

日本評論社

はじめに

　本書では，皆さんがお馴染みのパズルやゲームを，算法，つまりアルゴリズムや計算量の視点から整理して紹介していく．筆者の専門は理論計算機科学，特にアルゴリズムと計算量理論である．こうした研究分野は「計算とは何か？」という根源的な問いかけが根底にある．計算とは，基本演算をうまく組み合わせることで，問題に対する解を求めるプロセスである．この「基本演算」と「うまく組み合わせる」というところを抽出すると，それは詰まるところ，パズルそのものではないかというのが筆者の哲学である．つまり規則や制限が明確に与えられたとき，その中で，与えられたモノをうまく操作して目的を達成する行為は，すべてパズルを解いていることになる．(ちなみに知識を問うものはクイズであってパズルではない．)

　本書を手にしているのであれば，読者はパズルに興味がある人，パズルが好きな人がほとんどだろう．パズルを解くことは楽しい．解けたときに感じる，いわゆる「Aha! 体験」には中毒性がある．それはパズルデザイナーの意図や，パズルの本質に対する深い理解が得られたときにくる快感なのだろう．例えば鮮やかな数学の証明が理解できたときの快感にも似ていて，それを自分で見いだせたことによる達成感もあるだろう．こうした感覚はある程度，数学者や計算機科学者の中に共通するようで，研究者の中にはパズルが大好きな人が多い．例えばアメリカでは「マーティン・ガードナーを囲む会」というパズル好きの集まりが隔年で開催されているが，本業の分野では驚くようなビッグネームな偉人たちに，気楽に会うことができる．

　ところで，ある種のゲームやパズルは，計算機科学の枠組の中で脈々と研究され続けてきている．これは，ゲームやパズルの枠組が計算の本質と深く関わりがあるからに違いない．コンピュータの中で実行されている計算のプロセスは込

み入っていて，現実のコンピュータの中身は複雑化の一途をたどっている．しかし，その複雑さが計算の本質というわけではない．単純な原理を巧妙に抽出して，うまく組み合わせれば計算の本質は説明できるはずだ．どこまで単純化できるだろう．極限まで単純化したとき，それはハードウェアの束縛から解放されたパズルと見なせるだろう．

パズルっぽい計算モデルとして筆者の頭に真っ先に浮かぶのは，セル・オートマトン，より具体的にはいわゆるコンウェイのライフ・ゲームである．コンウェイのライフ・ゲームは本質的にチューリング機械と同等であることが知られている．チューリング機械とは，天才アラン・チューリングが「計算できる機械」を研究するために提案したモデルであり，大雑把に言えば，私たちが普段使っているすべてのコンピュータは，チューリング機械と同じ計算能力を持つ．要するに，コンピュータで計算できる関数は，すべてライフ・ゲームで計算できる．つまり，ライフ・ゲームはまさに計算する機械そのものなのである．

このように，特に CPU とか記憶装置とかいった複雑な機構がなくても，計算は実現できる．ライフ・ゲームに限らず，一見するとまったく違って見えるさまざまな計算モデルが，実際にはすべて同じ概念を定義できるという事実は興味深い．つまり人間が自然に「計算できる機構」を考えると，こうした機構で計算できる「関数の集合」は，どれも本質的に同じ「計算できる関数の集合」になるのだ．これは 1940 年代においては，天才たちの叡智の結晶であったが，今の私たちにとっては，それほど難しい話ではない．別に私たちが数十年で飛躍的に進歩したわけでもなければ，頭が良くなったわけでもない．多くの先人たちの研究の積み重ねが，知らずしらずのうちに私たちをここに連れてきたのだ．

1970 年代以降，ライフ・ゲームを皮切りに，ゲームやパズルが理論計算機科学の側面から脈々と研究されてきた．その歴史の中では，かなり人工的かつ抽象的なペブルゲームと呼ばれるモデルが活発に研究された時期もあれば，世の中で売られている実際の具体的なパズルが活発に研究された時期もある．例えば 1990 年代には囲碁，将棋，オセロといったボードゲームの計算量が活発に研究され，その後には数独やテトリスといったパズルが研究対象になるなど，そのときどきでさまざまな流行がある．(理論研究にも意外と流行り廃りがある．) こうしたゲームやパズルの研究は，「計算できる関数の集合」の中を細分化し，さまざま

な計算量を持つ関数のクラスを特徴づけてくれる．例えば 100 万ドルの懸賞金がついていることで有名なミレニアム懸賞問題の一つ $P \neq NP$ 予想は，いうなれば，クラス NP を象徴的に表しているパズルは本質的に難しいだろうという予想であるが，意外と単純なパズルがクラス NP の難しさの本質を表現していることがわかってきた．パズルの解法を考えることは，ミレニアム懸賞問題の解決にもつながるのだ．

近年，かのマーティン・ガードナー氏が指摘したパズルの困難性が 40 年あまりの時を経てやっと解決され，組合せ遷移問題という枠組みで活発に研究されている．本書では，古典的な話題から，そんなホットなトピックまで，幅広いパズルを取り上げた．パズルデザイナーがパズルのソサエティの中で考えつく独創的なアイデアのパズルは，理論計算機科学の観点からみると，ときには驚くほどの呼応を見せていたり，新たな視点を提供してくれていることがある．さまざまなパズルと，その難しさを味わいつつ，「パズルを解く」という営みそのものに宿るパズル性をじっくりと味わってもらいたい．パズルが好きな人にも，アルゴリズムが好きな人にも，それぞれに新たな発見があることを願う次第である．

上原隆平

［目次］

はじめに……i

第1章 ハノイの塔……1
ハノイの塔……1
ハノイの塔の解き方……2
ハノイの塔の状態遷移……3
関連パズル：パネックス……5
ハノイの塔の単純な解き方……6

第2章 スライディングブロックパズル……8
スライディングブロックパズル……8
スライディングブロックパズルの仲間たち……11

第3章 ペンシルパズル……17
ペンシルパズル……17
ペンシルパズルのNP完全性……19
なぜペンシルパズルはNP完全なのか……21
ペンシルパズルから理論への逆襲……22

第4章 数のパズル……24
数のパズル……24
虫食い算・覆面算……24
メイク10……27

第5章 15パズル……29
15パズル……29
15パズルの歴史について……29

15パズルの数理とトリック……31

15パズルのアルゴリズムと計算量……32

第6章 シルエットパズル……35

シルエットパズル……35

タングラム対清少納言智慧の板……37

最適解……40

理論的な難しさと最近のシルエットパズル進化形……42

第7章 重ねるパズル……45

重ねるパズル……45

Kaboozleの困難性……49

第8章 マッチングパズル……52

マッチングパズル……52

簡単な話なのか……53

マッチングパズルの困難性……55

解けるマッチングパズル……57

第9章 アンチスライドパズル……61

パズルの難しさとは？……61

アンチスライドパズル……62

アンチスライドパズルをコンピュータで解くには……63

第10章 ルービック・キューブ……68

ルービック・キューブと仲間たち……68

ルービック・キューブの解法：人間編……70

ルービック・キューブの解法：コンピュータ編……71

ルービック・キューブの流行の秘密？……72

第11章 クロスバーパズル……74

グラフ同型性判定問題……74

クロスバーパズル……75

クロスバーパズルの先にあるもの：組木やからくり……78

第12章 手順の必要なパッキングパズル……82

手順の必要なパッキングパズル……82

3次元版……83

2次元版……88

計算量的な難しさ……90

蛇足：不可能物体……91

第13章 折り紙パズル……93

折るパズル……93

折るパズルの困難性……94

折るパズルをコンピュータで解く……98

第14章 裁ち合わせパズル……100

裁ち合わせパズル……100

デュードニー氏の裁ち合わせパズル……102

一般的な場合の技法……104

第15章 ペグソリテア……107

ペグソリテア……107

ペグソリテアの思い出：その1……107

ペグソリテアの思い出：その2……107

過去の精算……110

未来に向けて……111

目次　vii

第16章　パズルソルバ……113
コンピュータで解く：さまざまなソルバ……113
そもそも算法とは何だったのか……117

第17章　コンウェイのライフ・ゲームと計算不能性……119
計算不能なパズルとコンウェイのライフ・ゲーム……119
コンウェイのライフ・ゲーム……121

付録……124
ポリオミノ・ポリキューブ・ポリアボロ……124
チューリング機械……125
計算可能な関数と計算量クラス……128

参考文献……133
おわりに……137
索引……139
人名索引……144

第 1 章 ハノイの塔

ハノイの塔

　まずは「難しいパズル」の鉄板ネタ，あるいは古典中の古典ともいえるハノイの塔に登場願おう．ハノイの塔というパズルをご存知ない方のために簡単に説明しておこう．これはインドのベナレスにある巨大寺院の塔に由来するパズルで…というのは真っ赤なウソで，フランスの数学者エドゥアール・リュカ氏が考案した数理パズルである [1] [2]．1882 年に発売されたパズルであるが，プログラミングを学ぶ際には再帰呼び出しの具体例としてよく取り上げられる．図 1.1 のような構造をしており，最初は 3 本の柱のうちの 1 本に n 枚の円板が大きい順

図 1.1　ハノイの塔

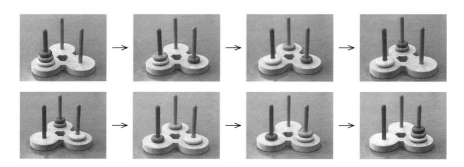

図 1.2 ハノイの塔の解法

に刺さっている．(以下，3本の柱をA, B, C, i番目に大きい円板を円板iと呼ぼう．) 1手で1枚の円板を動かすことができるが，「各柱の1番上の1枚だけ動かす」「それ自身より小さい円板の上には置けない」という条件を満たしつつ，最初の柱Aから隣の柱Cにすべての円板を移動するというパズルである．

厚紙で自作してもよいし，あるいはトランプなどのカードを使っても簡単に実現できるので，やったことがない読者には，ぜひ試してもらいたい．$n=3$くらいだと簡単に解ける (図 1.2)．枚数が増えるにつれて，だんだんと難しくなっていくだろう．さて，どのくらい難しくなっていくのだろう．

ハノイの塔の解き方

実際に$n=4$や$n=5$を解いていると，だんだんとコツが掴めてくるだろう．ポイントは「円板iを隣の柱に移すには，それより小さい$i-1$枚の円板すべてを別の柱にどける必要がある」ということである．大きい円板を小さい円板に載せられないことから，ほかに解法は存在しない．初期状態で柱Aにあるすべての円板を柱Aから柱Cに動かすには，以下の手順を用いればよい．(1) 円板1から円板$n-1$を柱Bにどける．(2) 円板nを柱Aから柱Cに移動する．(3) 円板1から円板$n-1$を柱Cに移動する．そして (1) と (3) については，柱Bと柱Cの役割を入れ替えて円板1から円板$n-1$に対して同じ手順を (再帰的に) 用いればよい．このとき円板nが邪魔しないことに注意しよう．この「再帰的」あるいは「自己言及的」な構造がハノイの塔の大きな特徴だ．

このとき手数はどのくらいになるだろう. n 枚の円板を動かすのに必要な手数を $h(n)$ とすると, まず $h(1) = 1$, $h(2) = 3$, $h(3) = 7$ くらいまでは, 手でも確認できる. 上記の (1)–(3) を考えると, 一般に $h(n) = 2 \times h(n-1) + 1$ であり, 一般項は $h(n) = 2^n - 1$ となる. 証明は, まさに帰納法がぴったりだ. また「円板 i を隣の柱に移すには, それより小さい $i-1$ 枚の円板すべてを別の柱にどける必要がある」という事実を考えると, 上記の手順を上回る効率のよい方法は存在しない. したがって, n 枚の円板からなるハノイの塔を最適な手順で解いたときの手数はちょうど $2^n - 1$ であることがわかる.

計算量の理論では, 指数関数的に時間がかかる問題は「手に負えない問題」と呼ぶ. つまりハノイの塔は計算量理論的には, 時間がかかりすぎて「手に負えない問題」である. リュカ氏が捏造した伝説によると, 本物のハノイの塔では $n = 64$ であり, 移動が終わるときに地球が滅びるということであるが, $h(64) = 18,446,744,073,709,551,615$ であり, 1 秒に 1 枚動かし続けても 6 千億年近くの時間が必要で, ビッグバンから 137 億年しかたっていないことを考えると, 地球は当分安泰ということになる.

ハノイの塔の状態遷移

さて実際にハノイの塔を遊んでみるとわかるが, 最適手順がわかっていても, 人間には意外と大変だ. 筆者も $n = 7$ とか $n = 8$ くらいになると, 再帰的に考えながらやると, たいてい途中で間違えて, わけがわからなくなってしまう. 迷子にならないようにするには, どうしたらよいだろう. こういうときに活躍するのがグラフによる特徴づけ, 平たく言えば, 地図だ. ハノイの塔のありえる局面 (小さい円板の上に大きい円板は乗らない) をすべて列挙して頂点とし, 互いに行き来できる局面同士を辺でつないでみよう.

$n = 1, 2, 3, 4$ の場合を図 1.3 に示す. 何か美しい構造が見えてこないだろうか. これは「シェルピンスキーのギャスケット」と呼ばれる再帰構造で, 代表的なフラクタル図形の一つである. ハノイの塔の再帰的な構造が如実に現れており興味深い. この地図をよく睨むと, ハノイの塔を最適な手順で解いたときの手数がちょうど $2^n - 1$ になることも, うっすらと見えてくるのではないだろうか. ま

4　第1章　ハノイの塔

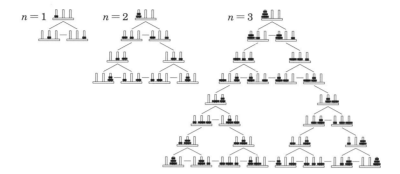

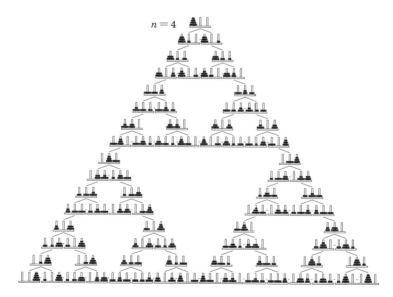

図 **1.3**　ハノイの塔の状態遷移図

た，ハノイの塔のありえる局面の数が 3^n であることも，容易に観察できるだろう．原理的には，この地図を手元に準備しておけば，どんな状態の組が与えられても，その間の最短経路を見つけることができるはずだ．(n に対して指数的に大きな地図になることには，少し注意が必要だが．)

■ 関連パズル：パネックス

さて，ハノイの塔のような再帰的なパズルは，いつでも美しくわかりやすい構造をもっているのだろうか．実はそうでもない．ハノイの塔に似たパズルとしてパネックスを紹介しよう．このパズルはハノイの塔に比べると知名度が格段に下がる[*1]が，かなりハノイの塔に似た構造をもったパズルである．

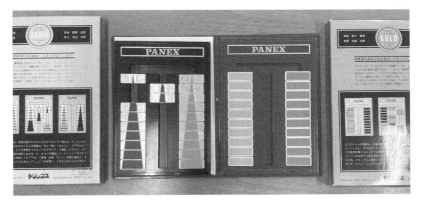

図 1.4 パネックス・シルバー (左) とパネックス・ゴールド (右)

このパズルは，ハノイの塔を逆さにして横からみたような構造をしている (図1.4)．3 本の柱のうち両側の 2 本に色の違う n 枚の円板が大きさ順に刺さっている．どちらかを中央の柱に移すという問題と，2 つの柱の円板を入れ替えるという問題がある．(正確には「円板」でもなければ「柱」でもないが，ここではハノイの塔に合わせて，便宜上ピースを「円板」，穴を「柱」と呼ぼう．) パネックス

[*1] ある意味で希少なパズルであり，オークションサイトで見るとかなりの高値がついているが，パズル仲間の間では持っている人は持っていて，筆者のところにも，ゴールドとシルバーがなぜか 2 セットずつある．

6   第 1 章　ハノイの塔

とハノイの塔の違いは大きく二つある．一つはすでに説明したとおり，円板が 2
種類あるということだ．そしてもう一つの特徴は，パネックスでは各円板が初期
配置の高さまでしか降りられないというところだ．つまり，最初の配置で一番上
にある円板は，別の柱に移動したとき，それより下に何もなくても，上から 2 番
目以下の位置には降りられない．同様に，最初の配置で上から 3 番目にある円板
は，上から 3 つ目の位置までしか降りられない．これは物理的には，ピースが
移動する盤面の溝をだんだん先細りにすることで実現している．この移動の制約
が厳しすぎるためか，パネックスでは小さい円板の上に大きい円板を載せてもよ
い．ただしこのときはもちろん，小さい円板がブロックしてしまうので，大きい
円板は本来の可能な位置まで降りることはできない．

　このパネックスの製品版には，円板の大きさが見てわかるシルバーと，見た目
からは円板の区別がつかないゴールドがある．パズルとしての本質的な違いは
ないが，円板の見分けがつかない分，ゴールド版は極めて困難だ．いや，そもそ
もシルバーでさえ，人間にはかなり難しい．このパズルは難しいというよりは，
複雑だ．状況がややこしくて，(特にゴールドは) 人間が取り組むのは，現実的に
ムリがあるパズルである．実際，ハノイの塔のようにきれいな解析は与えられて
おらず，結局のところ，コンピュータを用いた力技で解決する以外にはあまり有
効な方法がないようだ．製品版のパネックスは $n = 10$ であり，1983 年に発売さ
れたが，最短手順は 2000 年代に入るまでよくわかっていなかった．そして実は
簡単な方の問題の最短手順ですら 4000 回以上円板を動かす必要があり，あまり
ユーザフレンドリーなパズルではなさそうだ．

　このパズルの希少性が高いのは，裏を返すとあまり市場に出回らなかった (=
売れなかった) ということであり，知名度が極端に下がるのも，これを楽しめた
人が少ないからであろう．実際にやってみても，人間がやるには，かなりつら
い．端的に難しすぎるのである．ただしパズルマニアやパズルコレクターの間で
の人気は高く，どこかにマニア受けする要因があるのかもしれない．

● ハノイの塔の単純な解き方

　ハノイの塔を再帰的に考えていると，普通の人間は迷子になってしまうが，ハ
ノイの塔には実は地図を使わなくてもすむ単純な解法がある．言葉で紹介すると

次のとおりだ．まず，円板 1 は奇数回目だけ動かすと決めてしまう．すると偶数回目の円板の移動は，小さい方を大きい方に載せないといけないので，一意的に決まる．奇数回目の円板 1 の移動先は選択肢が 2 つあるわけだが，円板の枚数 n が偶数のときは時計回りで，n が奇数のときは反時計回りで動かしていけばよい．この単純な方法で $2^n - 1$ 回の最短手数で移動できる．先のシェルピンスキーのギャスケットの構造を注意深く観察すると，この解法がうまく最短経路をたどっていることがわかるだろう．

　最初に「難しいパズル」の鉄板と言っておきながら，「単純な解法がある」ということに違和感を覚える読者もいるかもしれない．計算量の観点でいう「困難性」とは「手数がかかる」という意味で，解法 (アルゴリズム) そのものが難しいというわけではない．ハノイの塔の解法をよく吟味すると，ちょうど 2 回に 1 回，円板 1 を動かすところなど，2 進数で数えるときの振舞いと似たところがある．実際，グレイ・コードと呼ばれる符号理論との関連が知られている．またパズルとしても，柱の数を増やしたり，円板の動きに制限をつけたり，いろいろな拡張が考えられており，これまで数百本の論文が書かれているということだ．(例えば有名なパズルの本『カンタベリー・パズル』[3] でも，最初の問題として柱の数が 4 本の場合が出題されている．) 筆者自身も，松浦昭洋氏が国際会議でハノイの塔の研究発表をされ，あとであの TEX の開発で名高いドナルド・E・クヌース氏が熱心に質問しているのを目撃したことがある．(なお，このときの発表は，ハノイの塔の柱の本数を 4 本にして，4 本使える円板と，3 本しか使えない円板があるときの移動の回数に関する研究発表であった．) また著者には，ハノイの塔の「難しさ」とパネックスの「難しさ」の間には何か質的な違いがあるように感じられる．これほど古典的なパズルでも，まだまだ研究の余地は残されている．単純で難しいパズルの味わい深さゆえであろう．

第 2 章
スライディングブロックパズル

■ スライディングブロックパズル

　本章ではスライディングブロックパズルを取り上げる．これは 1900 年ごろから楽しまれている古典的なパズルであり，写真 (図 2.1) を見れば「あぁ，あれか」と誰もが思うだろう．日本では「箱入娘」と呼ばれ，アメリカでも「ダッドパズル」と呼ばれるところを見ると，(今の時代には若干微妙な表現であるが) 古今東西のお父さんの悩みどころといったところか．一方，中国でよく見かけるものは三国志の登場人物がベースになっており，そうした文化的な違いも興味深い．

　パズルの基本的な構成はどれも共通で，長方形の枠が与えられていて，その枠の中に正方形や長方形のピースがおおむね隙間なく敷き詰められている．少しだけ空いたスペースを利用すると，隣接するピースをスライドできる．他のピースを外に取り出すことなく，特定の (ほとんどの場合，一番大きい) ピースをゴールに移動するのがパズルの目的だ．

　このパズル，計算量理論の観点から見ると，極めて興味深い歴史をもっている．まず「一般化」が簡単にできる．盤面を大きくしてピースの数を増やすといくらでも複雑にできる．図 2.1 の右端の 2 つを見ると，通常のパズルより大きな盤面も見て取れるだろう．しかし，1960 年代にマーティン・ガードナー氏が「このパズルには理論が必要だ」と喝破して以来，このパズルの困難性は 40 年以上もずっと未解決であった．

　この理論的な困難性に対して 2000 年代に決着をつけたのがロバート・ハー

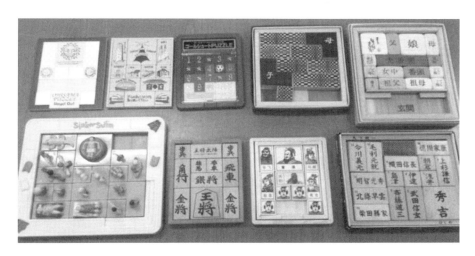

図 2.1 数々のスライディングブロックたち

ン氏とエリック・ドメイン氏である．彼らは制約論理という計算の枠組を考案した (文献 [4])．「制約論理」という名前を聞くとしかつめらしく聞こえるが，実体はグラフの上の単純なパズルである．ごく簡単に紹介すると，いわゆるグラフ理論でいう頂点が 2 種類あり，それぞれ AND 頂点と OR 頂点と呼ばれる．どちらも次数は 3，つまり 3 本の辺がつながっている．辺には重みと向きがある．OR 頂点につながっている辺は 3 本とも重みが 2 で，AND 頂点につながっている辺は 1 本は重みが 2 で，残りの 2 本は重みが 1 だ．各辺は向きづけられていて，どの頂点も「自分を指している辺の重みの和が 2 以上」という制約を満たしていなければならない．さて制約論理の問題では，AND 頂点と OR 頂点で構成されるグラフと，そのグラフの初期状態と最終状態が与えられる．グラフのつながりは変化しないので，それぞれの状態は辺の向きだけが違う．このパズルでは，一度に 1 本の辺の向きを反転できる．パズルの目的は，初期状態から出発して，辺の向きを反転し続けて，最終状態に遷移させることだ．ただし途中で現れる各状態で制約条件が常に満たされていなければならない．これが制約論理の問題だ．言葉で説明すると複雑に聞こえるが，これは一種の抽象的なパズルだ．

　ハーン氏とドメイン氏は，このモデルのバリエーションをいくつか考えた．例えば各辺は 1 回しか反転できないとか，二人で交互に行うゲームにするとかいっ

た具合だ．そしてこうしたバリエーションが，計算量のさまざまなクラスを特徴づけることを示した．特にある種の自然で単純なパズルが PSPACE という計算量クラスの完全問題であることを示し，そこから芋づる式に多くのパズルがこのクラスの完全問題であることを示した．こうした一連の結果の一つとして，彼らはスライディングブロックパズルが PSPACE 完全問題であることを証明した[*1]．

　こんなに古典的なパズルの理論的な複雑さが，長い間未解決だったのはなぜだろう．その一つは思い込みだ．1980 年代以降，一般のパズルの NP 完全性を示す論文が量産された時代がある (3 章を参照)．その中でなんとなく「面白いパズルは NP 完全」という思い込みが醸成されたのではないか．もう一つは証明の「大変さ」だろう．実はハーン氏とドメイン氏の文献 [4] には，制約論理を使って別の計算を模倣する「ガジェット」が多数出てくる．その証明の中で「特定の条件を満たす遷移は，ほかにはない」という主張があちこち出てくるのであるが，どう考えても人手で網羅的にチェックするのは無理だ．以前ハーン氏に直接聞いてみたところ，「可能な遷移をプログラムで全列挙してチェックした」とのことで，かなり驚いた．(ハーン氏は実は相当な腕前のプログラマで，マイクロソフト社のオフィスの前身のようなソフト，クラリスワークスの開発者でもある．とても速いプログラムを書くのがとても速い．文献 [4] は，そんなハーン氏の MIT での博士論文が元になっている．ドメイン氏はハーン氏の MIT での指導教員だが，指導教員の方がずっと若い．とはいえドメイン氏は 20 歳で博士号を取得した天才なので，無理からぬところはある．)

　ハーン氏とドメイン氏の制約論理をマイルストーンとして，2 つの流れが加速した．一つは「組合せ遷移問題」という理論計算機科学の研究分野の発展である．特に近年，伊藤健洋氏を中心とした日本の研究グループが，この研究分野を大きく牽引している．パズルだけでなく，さまざまな現実的な問題への応用も提案されつつあり，今後の発展が非常に楽しみな潮流である．しかし本稿ではパズルに舵を戻そう．制約論理の枠組のおかげで「PSPACE 完全問題としてのパズル」に改めて脚光があたっている．こうしたパズルのことをより深く理解すれば，私たちの PSPACE の理解も深まるのではないだろうか．以下では，筆者が個人的に思い入れのあるスライディングブロックパズルの仲間たちをいくつか紹介しよう．

[*1]　計算量クラス「PSPACE」や「完全問題」については付録を参照のこと．

スライディングブロックパズルの仲間たち

ラッシュアワー

スライディングブロックパズルというと，もしかしたら「ラッシュアワー」の方が知名度が上かもしれない．これは著名なパズル家であった芦ヶ原伸之氏が1980年代に考案したものだ．日本のパズルデザイナー達が結集して問題作りに協力した結果，非常に優れたパズルが生み出された (図 2.2)．これを模倣したスマホで遊べるパズルもたくさん存在する．御存じない方のために説明すると，ラッシュアワーではスライドするブロックがすべて車であり，大きさは 1×2 の長方形や 1×3 の長方形である．パズルの目的は，特定の車を駐車場から外に出すことだ．最大の特徴は，長方形は長い方向にしかスライドできないという制限である (車だから当然だ)．このパズルは PSPACE 完全問題である．通常の製品版だと盤面の大きさは 6×6 であるが，大きさの違う海賊版も存在する．約50手かかる非常に難しい問題も知られているが，それが本当に「最長」かどうかは，数え方にもよるが，まだ決着はついていないようだ．ちなみに文献 [4] では，車の大きさがすべて 1×1 の場合が未解決問題として紹介されているが，これは近年 PSPACE 完全問題であることが証明された．

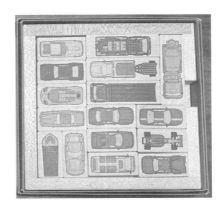

図 2.2 ラッシュアワーの原型である Tokyo Parking. プラスチック製のラッシュアワーの方が操作性は良いが，こちらの方が木のぬくもりがある．

倉庫番

　この手のパズルの中で筆者が一番思い出深いパズルは「倉庫番」である（図2.3）．倉庫番は1982年にシンキングラビット社から発売されたコンピュータ上のパズルである．倉庫の中で人間を操作して，指定された場所に荷物を移動するのが目的だ．プレイヤーが操作する人間は荷物を一つだけ押せて，引くことはできない．非力なので，2つ以上の荷物を同時に押すこともできない．荷物をうっかり隅に押し込んでしまうと，引き出せなくて，ゲームオーバーだ．なんとなくスライディングブロックっぽい印象を受けるこのパズル，実際PSPACE完全問題である．

　実は筆者は1999年7月に発行された，LAシンポジウムという会議[*2]の会誌33号に「倉庫番はPSPACE完全ではないか」という予想を書いていた．その記事が掲載された後，当時東工大にいた小林孝次郎氏から，SokobanのPSPACE完全性が1998年にFUN with Algorithmsという国際会議でジョセフ・カルバーソン氏によって証明されていたことを教えてもらった．つまりSokobanのPSPACE完全性は，ハーン氏たちの結果に先立つ，先進的な結果だったのだ．（そして当時

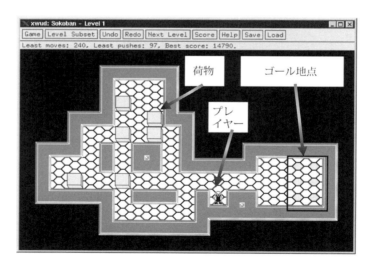

図 2.3　フリーの倉庫番の第1問．最初からやけに難しい．

[*2]　かれこれ50年以上の歴史をもつ理論計算機科学の会議であるが，どこにもオーソライズされていない手弁当の会議である．

の筆者はそれに肉薄していた！）カルバーソン氏の証明は，チューリング機械の計算を倉庫番で模倣するという，ある意味で王道とも言える方法で行われていた．そしてその論文は数十ページにわたる大長編で，そこで力尽きた非力な研究者は筆者以外にも少なからずいたのではなかろうか．今にして思うと，ほろ苦い思い出である．

その他の仲間たち

日本では，あべみのる氏が数多くの味わい深いスライディングブロックパズルをデザインしている (図 2.4)．最初の作品「ブロック 10」は 1979 年の作品だというから，かなり古くからスライディングブロックパズルに注目していたことがわかる．さまざまな意匠のものがあり，ピースも必ずしも長方形とは限らないが，スライディングブロックパズルの可能性の広がりと懐の深さが感じられる．特に長方形でないピースが，難しさにどう関わってくるのかを考えてみるのも面白そうだ．

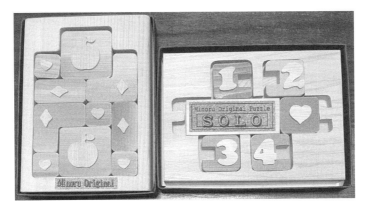

図 2.4 あべみのる氏の作品「ブロック 10」と「SOLO」

2000 年代には，日本のパズル作家たちがかなり個性的なスライディングブロックパズルを提案している (図 2.5)．北陸の山本浩氏の「Slide & Place Jr.」(図 2.5 左) は，中央の非対称なピースを取り出して，残ったピースをスライドして，最後に非対称なピースを裏返してはめることができれば完成だ．ピースをよく観察すると，注意深くピースが選ばれていて，かなり難しい．Kohfuh こと佐藤洸風

14   第 2 章　スライディングブロックパズル

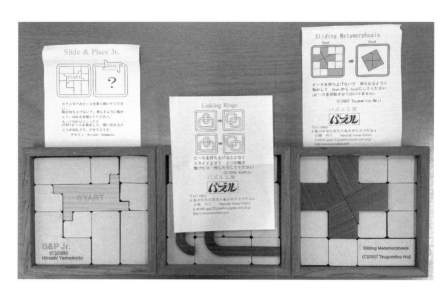

図 2.5　その他のスライディングブロックパズル

氏の「Linking Rings」(図 2.5 中) は，説明書の初期状態と最終状態にピースの切れ目が描かれていない．一見，これでは配置がわからないではないかと思うが，心配は御無用で，実はそれぞれの配置は 1 通りしか置き方がなく，そもそもの置き方を見つけるところも，またパズルになっている．また野路嗣光氏の「Sliding Metamorphosis」(図 2.5 右) は，裁ち合わせパズル (14 章) の有名な意匠をうまく取り入れたパズルである．しかもこのパズルには，パッと見ただけでは気づかない，なかなか巧妙な仕掛けがあり，意表をつかれる．パズルの注意書きに「ピースを回転させてはいけません」と書いてあるが，これが微妙なヒントになっているところがポイントだ[*3]．

　iwahiro こと岩沢宏和氏は，2000 年頃にピースをスライドするパズルをいくつかデザインしている．中でも 2005 年 IPP パズル・デザイン・コンペティション入賞作品でもある「長方形アウト」(図 2.6) は，本章の流れの中では外すことができない．このパズルは，正方形の枠の中に長方形のピースが 4 枚入っている．4 枚のピースのうち 1 枚だけがちょっと薄い．この薄いピースをスライドさせて

[*3]　この 3 つのパズルの情報については，葉樹林の店主である岩瀬尚之氏に大変お世話になった．深く感謝する．

スライディングブロックパズルの仲間たち　15

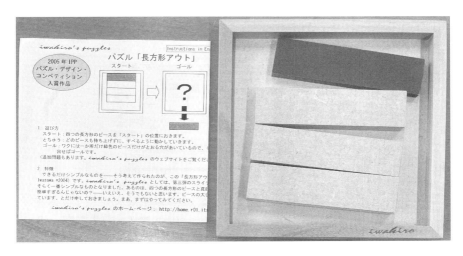

図 2.6　岩沢宏和氏の長方形アウト

正方形の枠に空いた穴から外に出すのがパズルの目的である．上記3つのパズルは，他のスライディングブロックパズルとはかなり異なる個性的な仕掛けがあるが，このパズルには，それに輪をかけた大きな違いがある．これらの「個性」を詳しく書いてしまうと興醒めなので，ここでは書かない．筆者の「Aha!体験」を読者と共有できないのは残念だが，仕方ない．

　ところで，スライディングブロックパズルには，正方格子をベースとしたものが多い．つまりピースも盤面もポリオミノが基本単位である．文献 [4] では，理論的な拡張として三角格子版が示されているが，単に四角形を三角形に変更しただけで，本質的な違いはない．一方，若手パズルデザイナーの三浦航一氏が，パズル制作を手がける植松峰幸氏の協力を得て，2018 年，三角格子にヒョウタン型のピースを入れた「10-8 Puzzle」というパズルを発表した (図 2.7)．注目すべきは，このヒョウタン型のピース，スペースをうまく使うと「少し」回転する点だ．この捻りが，スライディングブロックパズルに新たな視点を導入している．これは正方格子では実現が難しく，三角格子ならではの特徴だ．「10-8 Puzzle」は有名な 15 パズルを三角格子に変形したものに見えるが，「少し」回転するところを巧妙に使う実に味わい深いパズルである．また 2020 年にジョー・ヘメルスマ氏たちが提案したモデルも大変に興味深い [5]．これは 2020 年のアルゴリズムの国

図 2.7 三浦航一氏の 10-8 Puzzle

際会議 ISAAC でベストペーパー賞を受賞した論文であるが，この論文のテーマも三角格子の盤面にヒョウタン型のピースを詰め込んだスライディングブロックパズルであった．こうしたパズルがパズルの分野と理論計算機科学の分野とでほぼ同時期に考案され，研究されたという事実は実に興味深い．これらのパズルが独立に考案された様子をほぼリアルタイムで知ることができたことは筆者にとって幸甚であった．

15 パズル

さて，本稿で 15 パズルがまったく出てこないことに疑問を感じた読者もいるかもしれない．4 × 4 の盤面に 15 枚のピースが並んでいる，あの古典パズルである．実はこのパズル，スライディングブロックパズルの一種として紹介するには，あまりにも惜しい面白い話が，歴史的にも理論的にもたくさんある．そこで 5 章で改めて紹介しよう．

第 3 章 ペンシルパズル

■ ペンシルパズル

　本章ではペンシルパズルを取り上げる．英語でいうとペンシル＆ペーパーパズル，つまり「紙と鉛筆があればできるパズル」というカテゴリーである．「紙と鉛筆があれば十分だ」という点では，数学と相性が良さそうだ．英語名は正確だが長いので，本稿ではペンシルパズルと呼ぼう (これはおそらく和製英語であろう)．最も古典的かつ世界的に楽しまれているペンシルパズルといえば，なんといってもクロスワードパズルだろう．かつて海外の新聞には大抵クロスワードパズルが載っていて，飛行機や電車に長時間乗ると，熱心にやっている人を意外と見かけたものだ．しかし近年はペンシルパズルをやっている人をチラリと覗いてみると，国内外を問わず，ほぼ例外なく，Sudoku つまり数独をやっている．(数独は後述のパズル制作会社ニコリの商標で，他社はナンプレということが多い．海外では Sudoku が支配的だ．) かつてのクロスワードパズルが占めていた地位は，いまはすっかり数独が占めているように見える．筆者にとって数独は，たくさんあるペンシルパズルの一つなのであるが，どうも数独には特有の大きな魅力があるようだ．そこで最近，スマホのアプリで懸賞つきの数独アプリを一つ入れてみた．そしてどっぷりハマっている‥‥．閑話休題．

　歴史的にはいろいろとあるが，数独を世に普及させた立役者のうちの一人は，間違いなく『パズル通信ニコリ』を発行するニコリ社であろう．ニコリが広めた Sudoku という呼び名を見ても，Origami などと同じく，世界的に通用するし，

第 3 章　ペンシルパズル

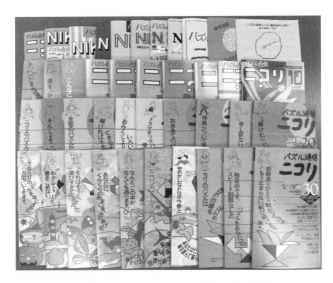

図 3.1　『パズル通信ニコリ』40 周年記念の復刊 40 冊

日本語由来であることも，よく知られている[*1]．ところで雑誌『パズル通信ニコリ』は 2020 年，出版 40 周年を迎えた．それを記念して，クラウドファンディングで創刊準備号からの最初の 40 号の復刊を実施した (図 3.1)．これは資料的価値の高いものであるが，単純に眺めているだけでも，とても楽しい．筆者自身は 1980 年代後半，大学の生協で新刊を見かけると購入して，毎号，かなり熱中していた覚えがある．当時はまだ季刊ではなく，不定期刊だったと記憶している．(実家を探すとボロボロの冊子が出てくるかもしれない…．)

　『ニコリ』の特徴の一つには，いろいろな意味で読者からのパズルを募っている点があげられよう．パズルの解答はもとより，問題の出題，さらには新しいパズルの設計にいたるまで，パズル好きの読者が，よってたかって洗練してきた歴史がある．40 年にも渡って継続的にパズル好きな読者を巻き込んだコミュニケーションの場を提供してきた雑誌というのは，非常に稀ではなかろうか．この豊かな土壌が数々の優れたペンシルパズルの創出につながっていることは間違いない．

[*1]　このあたりの経緯は『すばらしい失敗』ニコリ編 (2022 年) に詳しい．

■ ペンシルパズルの NP 完全性

　たしかに数独も面白いが，ほかにも数多くの面白いペンシルパズルが存在する．『ニコリ』を開いてさまざまなパズルに挑戦してみると，解き心地も違えば，個人的な相性もある．人によって好きなパズルや嫌いなパズル，そして得意なパズルや苦手なパズルがあるのではなかろうか．(ちなみに筆者が個人的に一番好きで得意なパズルはカックロだ．) ともかく多種多様なペンシルパズルが存在するが，計算量理論的な観点からは，ほとんどすべてのペンシルパズルは NP 完全であることが知られている*2．岩本宙造氏は，このテーマに大変詳しい [6]．彼によると以下のペンシルパズルは NP 完全であるということだ．(括弧内は証明された年．) ましゅ (2002)，天体ショー (2002)，数独 (2003)，カックロ (2003)，フィルオミノ (2003)，スリザーリンク (2003)，ぬりかべ (2004)，美術館 (2005)，へやわけ (2007)，LITS (2007)，ひとりにしてくれ (2008)，橋をかけろ (2009)，黒マスはどこだ (2012)，ヤジリン (2012)，カントリーロード (2012)，シャカシャカ (2013)，波及効果 (2013)，四角に切れ (2013)，よせなべ (2014)，へびいちご (2015)，さとがえり (2015)，スラローム (2015)，ナンバーリンク (2015)，のりのり (2017)，ヘルゴルフ (2018)，ドッスンフワリ (2018)，ウソワン (2018)，マカロ (2019)，ぬりみさき (2020)，さしがね (2020)，クロット (2020)，縦横さん (2020)，月か太陽 (2020)，流れるループ (2020)，ぬりめいず (2020)，タタミバリ (2020)，ファイブセルズ (2022)，タイルペイント (2022)．ここで，それぞれのパズルは「一般化」したものを考えていることに注意しよう．もう少しいえば，典型的には盤面の大きさを $n \times n$ にして，いくらでも大きな問題を作れるようにして，この問題を解く複雑度が n に関してどの程度大きくなるかを考えている．(おまけとして図 3.2 に 16×16 のヒント数最小の数独の問題を 2 問挙げておく．)

　さて，ほぼすべてのペンシルパズルが NP 完全であるということは，何を意味しているのだろうか．非常に大雑把な説明をすると，クラス NP に属する問題，つまり非決定的 (**N**ondeterministic) なチューリング機械が多項式時間 (**P**olynomial time) で計算できる問題と，盤面を大きさ $n \times n$ に一般化したペンシルパズルは，本質的に同じ難しさをもつということだ．

---

*2　NP 完全性については付録を参照．

第 3 章 ペンシルパズル

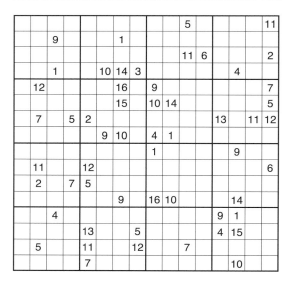

図 3.2 2016 年当時，筆者の研究室の学生であった奥村俊文氏がスパコンを用いて 16×16 の数独のヒント数最少 (55 個) の問題を 32 問生成した．そのうちの最初の問題と最後の問題を載せておこう．このヒント数は見つかっている問題の中では今でも最少であるが，より少ないヒント数で唯一解をもつ問題が存在するかどうかは未解決である．

筆者は講義の中で大学院生にNP完全性をいろいろな観点から教えている．Nondeterministicという英単語は日常生活では絶対に使わないし，これを日本語にした「非決定的」も，他の文脈ではまず見かけない専門用語だ．こうした専門用語を形式的に導入した定義から，「非決定的な計算」という概念をチューリング機械の文脈で即座に理解するのは，なかなか難しい．しかし「ペンシルパズル」のもつ共通の性質であると考えれば，直感的な理解が容易になる．こうしたパズルのもつ本質的な性質と，計算量理論でいう非決定的な計算は，非常に親和性が高く，理論的なモデルの理解を助けてくれる．

例えばミレニアム懸賞問題の一つである $P \neq NP$ 予想は，パズルの文脈でいえば「NP完全問題であるパズルは，一般的には簡単に解けない」という予想である．そう考えると，たしかに無理そうだという直感的な理解につながるのではなかろうか．

なぜペンシルパズルはNP完全なのか

さてペンシルパズルのもつ共通の性質とは何だろう．最初に思いつく答えは単純で「マスを一つひとつ埋めていく」という性質だ．空いたマスには何かが入るのだが，そこには大抵の場合は選択肢がある．マスに何かを埋めると選択肢が一つ減り，それが正しい選択であれば解答に一歩近付く．選択を誤ると，往々にして正しい解答にはたどり着けない．

このとき，神様がこっそり耳元で答えを教えてくれれば，単純作業でパズルを解くことができる．通常のペンシルパズルでは，最後にすべてのマスが埋まっていて，すべての場所で所望の条件を満たしていればよい．すべてのマスが埋まっているときにパズルとして全体の辻褄が合っているかどうかを確かめるのは一般に簡単である．これもペンシルパズルの特徴の一つとしてあげられる．

一方，神様がいないときには，自分で選択肢をいろいろと苦労して埋めていかなければならない．このときには試行錯誤が欠かせず，ときには場合分けが指数関数的に増えていくように思える．さて，ではこうした試行錯誤は本質的に必要なのであろうか．どんなパズルにでも，実は私たちが知らない魔法の解法があって，神様みたいな人ならたちどころに解けるのではなかろうか．

22 第3章 ペンシルパズル

この疑問に対する答えこそ，実は P ≠ NP 予想の中にある．もし P = NP なら，どんなペンシルパズルにも魔法のように解く方法が存在するが，P ≠ NP なら，そんなうまい方法は存在せず，私たちは苦しみながら (あるいは楽しみながら) パズルを解く以外にない．直感的には「そりゃ当然，後者だろう」と思う方が多いのではなかろうか．その直感に対して数学的に厳密な証明を与えることができれば，あなたはミレニアム懸賞問題を解いた人として歴史に名前を残すことができるのだ．

■ ペンシルパズルから理論への逆襲

ペンシルパズルのもつ共通の性質で，特にペンシルパズルに固有の性質をさらに考えると，「正解はいつも一つ」ということに気づいた読者もいるかもしれない．こうしたパズルで作者が意図していた解以外の「別解」があるパズルはときに「パンクした」と言われることもあり，パズルの問題制作者は気を付けたいところだろう．解く側としても，一生懸命考えた選択肢が実はどちらでもよかったとなると，釈然としないものがあろう．これは大雑把には「解の有無だけではなく，解の個数も気になる」と捉えることができるだろう．

計算量の理論では，こうした「解の個数」を気にする研究もある程度は行われてきた．1990 年代，この分野の大御所の一人であるパパデミトリゥ氏は，解が一つしかない問題のクラス UP や，2 つの問題の解の個数の差で定義されるクラス DP などを導入して研究した．また解の個数そのものを考える#P というクラスや，解の個数の偶奇を考える ParityP といったクラスもある．また BPP, PP, RP といった計算量のクラスは確率的な計算量の文脈で語られるクラスであるが，少し考えてみると，計算の中で「正解にたどり着く経路の個数」と「たどり着かない経路の個数」の比を考えているという意味で，本質的には解の個数を考えるクラスと解釈できる．こうした計算量クラスは 1990 年代に活発に研究されたが，例えばパズルの文脈に応用できるような具体的な成果は残念ながらあまり得られなかった[3].

---

[3] パズルの文脈ということに限らなければ，例えばゲーデル賞受賞につながった戸田誠之助氏による戸田の定理など，この理論分野での 1990 年代の日本人研究者の活躍はめざましいものがある．

その後 2002 年に，瀬田剛広氏によって ASP という計算量クラスが提案された．これは，問題と一つの解答が与えられたとき，別解があるかどうかを判定せよという問題によって定式化されるクラスだ．極めてパズル的な視点から導入された概念で，実際，最初にクラス ASP が導入された論文ではカックロが題材として扱われている．これはパズル作家の気持ちをよく反映した計算量クラスであって，十把一絡げに議論されてきたペンシルパズルからの逆襲ともいえそうだ．こうした「微妙な差異」を丁寧に扱うことは，今の計算量理論にはまだまだ苦手なところである．しかし，今後の発展が楽しみな分野でもある．

第 4 章 数のパズル

数のパズル

本章では，数を用いたパズルをいくつか紹介する．数を用いたパズルの双璧といえば，虫食い算と覆面算であろう．もう一つ，誰でも知っているパズルと言えば「メイク 10 (テン)」があげられよう．「メイク 10」と聞くと「なんだそれ？」と思われる読者も多いだろうが，「数字 4 つの間に四則演算を入れて 10 を作るパズル」と言えば，誰もが「あぁ，あれか」と思われるのではないだろうか．こうした古典的なパズルについても，アルゴリズム的な観点からは興味深い話がいくつかある．

虫食い算・覆面算

まず，ともかく誰でも知っていそうなパズルが図 4.1 の左側の「SEND MORE MONEY」ではなかろうか．これはヘンリー・E・デュードニー氏のパズルを数多く紹介した藤村幸三郎氏の著作[*1]によると，*Strand Magazine* というイギリスの家庭雑誌の 1924 年 7 月号にデュードニーが発表しているが，一方では *Recreational Mathematics Magazine* 1962 年 2 月号では研究者のジェームス・A・H・ハンター氏がデュードニー氏の作ではないとしているらしい．どうも考案者が微妙なところはあるようだが，1924 年以降，代表的な覆面算として有名になっ

[*1] 『数学ショート・パズル』J.A.H. ハンター著，藤村幸三郎・芹沢正三訳，ダイヤモンド社，1965 年．

虫食い算・覆面算　25

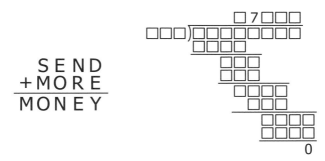

図 4.1　デュードニー氏の覆面算「SEND MORE MONEY」(1924 年) とオドリング氏の虫食い算「孤独の 7」(1922 年)

たのは間違いない．

　図 4.1 の右側の E・F・オドリング氏の虫食い算「孤独の 7」については，多くのパズルの書籍には 1925 年と記載されていて，1923 年という記述もあるが，田守伸也氏と秋山久義氏の研究によると，*Strand Magazine* の 1922 年 11 月号の 439 ページのデュードニー氏の記事の中に，オドリング氏の「孤独の 7 (The Solitary Seven)」として掲載されているのが初出のようだ．したがって，1922 年にはすでに世に出ていたわけだ[*2]．

　いずれにせよ，虫食い算も覆面算も，世界中で非常に古くから親しまれている古典的パズルである．だとすれば，当然こうしたパズルの計算量的な観点からの難しさが気になるところだ．やはりというべきか，こういう美味しそうなネタはすでに研究されている．著名な研究者であるディヴィッド・エプシュタイン氏が "On the NP-completeness of cryptarithms (暗号の NP 完全性について)" というエッセイのような短い論文を 1987 年の *ACM SIGACT News* に書いている[*3]．これは残念，と思いつつもネットで公開されているそれを眺めてみると，わずか 3 ページのこの記事は，もちろん結果は正しいが，虫食い算と覆面算をごっちゃにしている．いや，言葉が過ぎた．エプシュタイン氏は，覆面算と虫食い算を包

[*2]　筆者も写真を共有してもらって確認できた．田守伸也氏からの私信によると，虫食い算については，W・H・バーウィックが「7 つの 7」や「4 つの 4」「5 つの 5」を発表したのを機に知れ渡ったようなので，1906 年頃にはすでに広く知られていたようであるとのこと．快く貴重な情報を共有してくれたお二人には深く感謝する．

[*3]　David Eppstein, On the NP-completeness of cryptarithms, *ACM SIGACT News*, pp. 38–40, 1987.

含するような一般的な枠組みを提案し，その計算量的な複雑さが NP 完全であることをさらっと書いているのだ．

考えてみると，虫食い算と覆面算を明確にわけるものはなんだろうか．それぞれのルールをきちんと整理して区別すると次のようになろう．

共通のルール： 一つの文字や穴は一つの数字に対応する．最上位の桁にはゼロは入らない．

覆面算のルール： すべての数字が数字以外の文字に置き換わっている．一つの文字には数字が一つ入る．同じ文字には同じ数字が対応付けられ，異なる文字には異なる数字が対応付けられる．文字だけが並んでいて，表出している数字はない．

虫食い算のルール： いくつかの数字が表出していて，それ以外の数字は穴が空いていて読めない．一つの穴には数字が一つ入る．穴はすべて同じデザインなので，数字の重複は問題ない．

しかし世の中にある多くの虫食い算や覆面算の実例を調べてみると，これらのルールに合致しない例はいくつも見つけられる．例えば特定の文字には，奇数や素数など，特定の数の集合だけが割当てられるという制約があるものや，明らかに虫食い算と覆面算をあえて混ぜ込んでいるものも多く見つかる．どちらのルールもわかりやすいので，こうした拡張は容易に行える．そう考えると，エプシュタイン氏の「一般的な虫食い算・覆面算は NP 完全」という結果には何ら問題がない．

とはいえ，厳密な意味での「覆面算」や，厳密な意味での「虫食い算」の困難性が明確な形で与えられていないことには，多少気持ち悪さが残る．覆面算には覆面算の難しさがあり，虫食い算に虫食い算の難しさがあり，これらがごっちゃになっている現状は，やや不満である．このあたり，計算量理論の観点からの研究のタネは残されているようだ．

■ メイク 10

　ではもう一つの有名な数のパズル「メイク 10」の話題に移ろう．このパズル
は，口伝で伝えられることが多いように思う．筆者も子供のころに聞いたことが
あり，今も通学のために自転車で坂道を登っているときには，抜いていった車の
番号でいつも楽しんでいる．このパズルの正確な定義は「4 つの数字が与えられ
たとき，これらを適当に並べ替えて，間に四則演算を入れて，10 にせよ」という
ものだ．適宜カッコも使って良い．著者が解答とともに記憶している難問として
は，1199, 1158, 9999 があげられる．（これらは本当に難問なので，解答を忘れて
いる，もしくは知らない読者は挑戦してみよう．）今ならプログラミングの良い
練習問題になりそうだ．（余談だが，逆ポーランド記法または後置記法と呼ばれ
る数式の記述法があり，これを用いると数式にカッコが必要なくなる．データ構
造としてスタックを用いれば簡単にプログラムで処理できるので，自分でプログ
ラミングをしてみたい読者には，この記述方法がお勧めだ．）こうしたプログラ
ムの成果なのか，すべての解答を列挙している Web ページ[4]もあり，ファンは
多そうだ．

　ところでこのメイク 10，海外では 10 ではなく 24 を作るバージョンもあるよ
うだ．このようにゴールを変更するだけでなく，例えば桁数を増減したり，使え
る演算を四則演算から変更すれば，無数にパズルを考えることができる．また，
通常の演算だけで 0000 や 1111 から 10 を作るのは不可能である一方，上記の
Web ページによると 1245 は 123 通りも解答があるそうだ．こうしたバリエー
ションを考えると，ここには計算量的に興味深い問題が隠れているだろう．

　意外といえば意外なことに，この問題の計算量理論的な意味での難しさは，近
年まであまり研究されてこなかったようだ．筆者の知る限りでは，2018 年に日
本の国内の研究会で佐伯元春氏，西村治道氏による研究が口頭で発表されたのが
最初の結果ではなかろうか[5]．そしてその結果によれば，（もちろん？）一般化し
たメイク 10 は NP 完全問題で，この問題が一般には難しいことが示された．同
じ頃，MIT の研究グループにより，この問題の困難性や容易性が，より幅広く網

---

[4] https://www.quiz-puzzle.com/make10/answer/list.html （2024 年 4 月 25 日アクセス．）
[5] 「make10 の一般化について」佐伯元春, 西村治道, 第 13 回組合せゲーム・パズルプロジェクト,
2018 年. http://www.alg.cei.uec.ac.jp/itohiro/Games/Game180306.html

28　第 4 章　数のパズル

羅的に研究され，2020 年の国際会議で発表された [7]．後者の研究は，いろいろ
な状況に対してかなり徹底的に調べてあり，そしてやはり，ほとんどの場合は非
常に困難な問題であることが証明されている．その一方で，簡単に解ける場合も
あることが示されており，そして未解決問題もある！

　余談であるが，こうした古典的なパズルの研究が，かなり近い時期に独立にな
されることがあるのは，非常に興味深い偶然である．なお，これらの研究が独立
になされたことについては，筆者が最も事情を承知していることを付け加えてお
こう．エリック・ドメイン氏が管理している MIT の当該論文のページ*6に，研究
の独立性について軽くコメントされているが，この裏では筆者の暗躍があった．
15–16 ページの「三角格子上のヒョウタン型のピースを用いたスライディングブ
ロックパズル」のときも，どうした巡り合わせか，たまたま筆者が同時発生的な
2 つのアイデアの独立性を確認することになった．こうした奇妙な偶然はさてお
くとしても，新しい研究が発展・進展する，まさにその複数の現場にたまたま居
合わせるという経験は，非常に心躍るものだ．

---

*6　http://erikdemaine.org/papers/ArithmeticGames_ISAAC2020/

第 5 章 15パズル

15パズル

本章では2章で取り上げたスライディングブロックパズルの続編として、15パズルを取り上げる。スライディングブロックパズルは、長方形のピースを空いたところにスライドするパズルであった。横長のピースがブロックすることにより、なかなか思ったところにピースを移動できないもどかしさがある。このスライディングブロックパズルにおけるピースをすべて正方形にしたものが15パズルとその仲間たちである (図 5.1)。横長のピースがないため、空いた隙間に隣接するピースはいつでもそこに移動できる。では簡単なのかというと、そこが微妙だ。一般のスライディングブロックパズルとは違った難しさがある。本章では、そこを少し掘り下げてみよう。

15パズルの歴史について

15パズルを見たことがないという読者はいないとは思うが、念のために15パズルのルールをおさらいしておこう。最も基本的なものは図 5.1 の左下にあるもので、4×4 の盤面に 1×1 のピースを15枚置いて、一つだけ空いたスペースを利用してピースをスライドさせて遊ぶ。各ピースには1から15までの数字が書いてあり、バラバラにした状態から、ちゃんとした順序に並べ替えるのが目的だ。ピース構成は簡単で、ルールも単純である。図 5.1 の左上にあるように盤面

30   第 5 章   15 パズル

図 **5.1**   さまざまな 15 パズル

を大きくするも簡単だし，数字の代わりに絵を描くこともできるので，スライディングブロックと同様，数限りないバリエーションがある．

　15 パズルの歴史は相当に古い．1880 年代にはアメリカで爆発的な人気を博したということだ．ところで 15 パズルの歴史については，ずいぶんと誤解が広まっている．例えば日本語の Wikipedia には

> 1878 年，パズル作家のサム・ロイドが「15 パズルで，14 と 15 を入れ替えた状態を元に戻す」という，絶対に解けることのない問題に，1,000 ドルの賞金をかけて出題した．このパズルで中毒になる人もおり，その懸賞により 15 パズルは大きく普及．商品も多く販売されるようになった．

という記述がある[*1]．しかし，これは誤解であり，実際にはサム・ロイド氏は 1,000 ドルの懸賞金をかけたことはなく，1880 年代のアメリカでの爆発的な人気

[*1]   2024 年 4 月 25 日に確認．

には，ほとんど貢献していないことが近年になってわかっている．これは世界一のパズルコレクターであるジェリー・スローカム氏の詳細な研究で明らかになったことであり，スローカム氏は研究書 [8] まで出している．この本の表紙を見ると，副題らしきものが二つ書かれていて，そのうちの一つは「How it drove the world crasy (それはどのように世界を熱狂させたか) The puzzle that started the craze of 1880 (1880 年に熱狂し始めたパズル)」であり，もう一つは「How America's greatest puzzle designer, Sam Loyd, fooled everyone for 115 years (アメリカの偉大なパズル作家サム・ロイドは，どのように人々を 115 年間ダマしたのか)」である．スローカム氏の調査によると，サム・ロイド氏は 1891 年の新聞のインタビューで初めて自分が 15 パズルの発明者であると言い出したようで，当時はいろいろとユルかったのであろうが，なかなか宣伝上手な人物だったようだ．

歴史的なモヤモヤはさておき，4 × 4 の盤面において 14 と 15 を入れ替えた状態を元に戻すという問題を通じて，15 パズルが爆発的に流行したのは事実であり，このパズルは数理的な観点から，非常に興味深い性質を持っている．以下では，このあたりの数理やアルゴリズムの観点からの性質を掘り下げてみよう．

15 パズルの数理とトリック

まず 15 パズルの重要な性質として，偶奇性があげられる．15 パズルは，空白を考えると 16! 通りのピースの配置が考えられるわけだが，互いに遷移できるかという観点からみると，ピース配置全体は同じ大きさの 2 つの空間に分割される．つまり「奇配置」「偶配置」とでも呼ぶべき 2 つのグループがあり，同じグループに属する配置同士は互いに行き来できるが，別のグループの配置に遷移することはできない．これは盤面上で自然な全順序を考えて，最大 4 通りの操作のそれぞれについて，入れ替えて得られる順序の偶奇性を具体的に調べることで確認できる．そして「14 と 15 を入れ替えた配置」と「すべて並んだ配置」とを調べると，これらは違うグループに属する．つまり，このパズルは原理的に不可能なパズルなのだ．(なお『数学セミナー』の 2017 年 10 月号の岩沢宏和氏の記事「不可能性の証明パズル」(pp. 28–33) でも 15 パズルと偶奇性を詳しく取り上げ

32　第 5 章　15 パズル

ているので合わせて参照されたい.）

　15 パズルが偶奇性のために解けないことは広く知られているため，そこにト
リックを仕込んだパロディ的なパズルもある.　筆者が知っている限りでも偶奇を
反転するためのトリックにはいくつか種類がある.　具体的には，同じ模様のピー
スを入れておく，盤面そのものの向きを変えてしまうといった具合だ.　文献 [8]
によると，もとの 15 パズルでも，「ピースを移動しながら 6 と 9 をどちらも逆さ
にすれば解ける」という手品師向け (？) のトリックが 1880 年にはすでに指摘さ
れているというから，この偶奇性については，かなり早い段階で，気づく人は気
づいていたようだ.　(ほかにもいくつかの興味深い実現方法が文献 [8] に写真入り
で掲載されている.　)　2020 年のパズルのデザインコンペ*2 でも，Leaf 15 という
パズルが (おそらく) こうした趣旨のパズルとしてエントリーされているが，こ
れなどはトリックの実現方法という意味でも造形という意味でも非常に興味深
い.　どちらかというと数理というよりはトリックとしての興味深さではあるが.

　ところで図 5.1 の右下のパズルは，カーリングのストーンを円内に入れれば
ゴールである.　盤面の大きさが 3 × 4 という意味でも少し珍しいが，上記の偶奇
性のため，実は解けないパズルになってしまっている.　これは，とある 100 円
ショップで発売され，パズル家たちの間で「解けないパズル」として話題になり，
その後すぐに販売を停止した珍品である*3.　このパズルには，もとになる別のパ
ズルがあり，そのパズルには偶奇性を反転するための巧妙な仕掛けがあったのだ
が，その仕掛けに気づかず，絵柄だけ変えてしまったがために起こってしまった
ものと想像される.

15 パズルのアルゴリズムと計算量

　人間が遊ぶには 4 × 4 という大きさはちょうど良さそうだが，数理的には大き
さ $n × m$ とか $n × n$ とかいった一般化を考えたくなる.　実際，市販品でも 3 × 3
とか 5 × 5 などはときどき見かけることがある (図 5.1 の左上には 5 × 5 が写って
いる).　筆者がネットで調べて買い集めた範囲でも，2 × 4, 3 × 6, 10 × 10 などさ

---

*2 https://johnrausch.com/DesignCompetition/2020/
*3 その後，ピース配置が変わって，解けるパズルになって再販された.

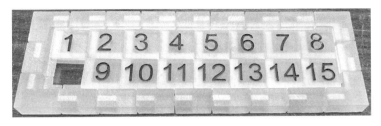

図 5.2 2020 年頃，佐藤隆太郎氏が 3 次元プリンタで作成した「任意サイズの $n \times m$ パズルが作れる」ガジェット．

まざまな大きさがあった．わざわざ買わなくても … と思ったのか，当時筆者の研究室に所属していた佐藤隆太郎氏は 3 次元プリンタで任意サイズのパズルが作れるガジェットをデザインしてくれたくらいだ (図 5.2)．大きさ $2 \times n$ といった極端な盤面もそれはそれで面白いが，ここでは $n \times n$ の盤面を考えよう．つまり $(n^2 - 1)$ パズルだ．一般的な問題としては，盤面上の 2 つの配置 (スタートとゴールとする) が与えられて，スタートからゴールに遷移できるかどうかを考えることとなる．

まず，遷移可能性について考えよう．前節で指摘したように，この問題の Yes/No は偶奇性だけに依存する．そこで，スタートとゴールが与えられたとき，それぞれの偶奇性を判定すればよい．ちょっとアルゴリズムに工夫はいるが，ある配置の偶奇性は，その盤面上の数字の並びを一通り読むくらいの手間で判定できる．つまり n^2 に比例する計算時間でスタートとゴールの偶奇性を判定して，それらが一致すれば Yes で，一致しなければ No と出力すればよい．

さて，かりに Yes であったとしよう．すると当然，具体的な手順を求めたくなるだろう．実は $(n^2 - 1)$ パズルはパズルとしてはそれほど難しくない．実際にやったことがある人ならわかるだろうが，おおむね角の方から順番に位置を合わせていって，最後の方でちょっと頭を捻りながら，辻褄を合わせればよい．それぞれのピースは線形的に，言葉を変えれば n に比例するくらいの回数だけスライドすれば，目的の位置に移動できる．つまり，Yes であったとき，具体的な手順の長さは n^3 に比例する値で上から押さえることができ，同程度の計算時間をかければ，具体的に求めて出力できる．

これで終わりだろうか．欲張りな人は，どうせ動かすなら最短の手数でやりた

いと思うに違いない．計算量的に面白いのはここだ．驚いたことに，一般化した
$(n^2 - 1)$ パズルにおいて，最短手数を求める問題は NP 完全なのである．つまり，
スタートとゴールが与えられたとき，できるかどうかは即座に判定できて，でき
る場合に何かしらの手順を求めることもまずまず簡単にできるにも関わらず，最
短手順を求める問題は，理論的に手に負えないということだ．この結果は 1990
年に最初に [9] で示されているが，この論文は 27 ページもあり，非常に込み入っ
た証明で，読むのになかなか骨が折れる．近年，わずか 5 ページの洗練された証
明も与えられていて [10]，この分野の発展の様子がうかがえる．

　3 章で取り上げたペンシルパズルや 15 章で取り上げるペグソリテアでは，直
感的にいえば「1 手進めると何かが 1 つ減る」という共通の性質がある．これが
クラス NP を特徴づける性質ではなかろうかというのが理論計算機科学業界での
長い間の共通認識であったように思う．しかし 15 パズルはこの直感に少し反す
るパズルである．1 手進めたピースを戻せば，前の状態に戻すことができる．つ
まりルール上はやり直しが可能である．これは他の NP 完全なパズルとは決定的
に違う性質であり，スライディングブロックパズルの持つ興味深い性質を引き継
いでいるところでもある．スライディングブロックパズルの困難性が 40 年以上
も未解決であったことを考えると，このあたりには，まだまだ研究の余地が残さ
れている．

第 6 章
シルエットパズル

● シルエットパズル

　本章ではシルエットパズルを取り上げよう．これは，いくつかの多角形のピースが与えられて，そのピースをすべて使って問題として示された形を作るパズルだ．古典的なパズルであり，まったく見たことがないという人はいないだろう．さてシルエットパズルと聞いて読者が最初に思い浮かべたのは，図 6.1 のような特定の形を狙って作るタイプのパズルだろうか，それとも図 6.2 のタングラムのようにさまざまなシルエットを作るタイプのパズルだろうか．

　温泉旅館などに行くと，ときどき部屋にパズルが置いてあるが，筆者の個人的

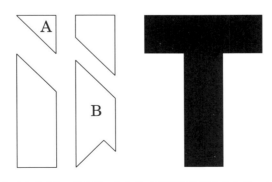

図 6.1 T パズル：左のピースを並べて右の T 字のシルエットを作る

第 6 章 シルエットパズル

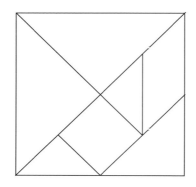

図 6.2 タングラム：7 ピースを並べていろいろなシルエットを作る

な経験ではだいたいは，例えば T, K, 十字架など，特定の形を作るパズルが多いようだ．こうしたパズルはいわば一発芸的な特徴がある．あまり突っ込んで書いてしまうと無粋だが，ある種の先入観がパズルを解く上での障壁となっていて，そこに気づくといわゆる「Aha! 体験」が手軽に味わえる．

逆にいえば，いったんそこを味わってしまうと，類似のパズルはだいたい狙いが読めてしまうのが弱点である．そういう意味ではビギナー向けのパズルであり，もし十字架パズルをやったことがない読者がいたら，ぜひ試してみてもらいたい．

こうした即効性のある一発芸に頼らないシルエットパズルの代表格は図 6.2 のタングラムだろう．この 7 ピースのパズルには数千個もの問題が考案されており，いろいろなタイプの問題をじっくりと楽しむことができる [11]．最古の文献は 1813 年というから相当に古い．このタイプのシルエットパズルは実際には例えば 5 ピースのセットや 10 ピースを超えるセットなど，いくつかのバリエーションが存在する．その中でもタングラムの有名さは抜きん出ている．この種のシルエットパズルを総称してタングラムと呼ぶこともあるくらいで，図 6.2 のタングラムはいわば代表選手といえよう．タングラムがこれだけ抜きん出た地位を築いたのは，7 ピースという個数と，個々のピース形状のバランスが良かったのであろう．

ではタングラムは，何らかの数理的な意味で最適なパズルなのだろうか．それに異を唱えたいというのが筆者の目論見である．

タングラム対清少納言智慧の板

パズルに少し詳しい人であれば，タングラムと非常によく似た清少納言智慧の板というパズルをご存知かもしれない．図 6.3 のパターンで，タングラムと似た 7 ピースのパズルだ．これも古典的なパズルであり，[11] によれば最古の文献は 1742 年というから，実はタングラムよりも歴史は古い．とはいえ，清少納言は紀元 1000 年前後 (966?–1025?) に生きた人であり，実際に彼女が考案したとは考えにくい．清少納言の聡明さにあやかった命名だろう．

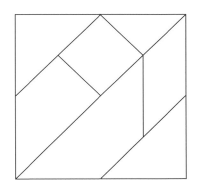

図 **6.3** 清少納言智慧の板

筆者自身は，もともとはタングラムと清少納言智慧の板は同じパズルだったのが，伝わっていくうちにピース構成が少しずつ変化・分化して，それぞれが定着したのではなかろうかと思っている．しかし，これは解けないナゾのままだろう．ともあれ，どちらも長い歴史をもち，数多くの問題が考案される中でピース構成が洗練されて今に至ったのは間違いなさそうだ．長い歴史の中で，こうしたパズルは多くの人に親しまれ，意匠としても浸透していったと考えられる．例えば韓国のソウルにある金浦国際空港の地下鉄の壁面には無数のタングラムの問題が掲示されている (図 6.4)．また高級な石でできたタングラム (図 6.5) や九谷焼の清少納言智慧の板の食器 (図 6.6) などもある．このように長く親しまれてきた歴史の中で，清少納言智慧の板に比べて，タングラムの方が世界的にずっと著名であるのは，一つには名前のせいではなかろうか．もっと簡単で，どんな言語にも馴染む発音の短い名前にしておけば清少納言智慧の板の方が有名だったかもし

第 6 章 シルエットパズル

図 **6.4** 韓国ソウルの金浦国際空港のタングラム

れないと想像すると，個人的には少し悔しい．

　それはともかく，タングラムと清少納言智慧の板を比較することはできないだろうか．例えば「釘抜き」と呼ばれるシルエット (3 × 3 のサイズの正方形から中央の 1 × 1 を除いた形) は清少納言智慧の板では作れるが，タングラムでは作れないことが知られている．こうした「一方でしか作れない形」を列挙して比較すればと思う読者もいるかもしれないが，これは思ったほど簡単ではない．まず個々のピースをほぼバラバラに並べた形を考えると，タングラムでしか作れない形も清少納言智慧の板でしか作れない形も簡単に作れる．また「ちょっとずらして並べる」という手を使えば，こうしたシルエットを非可算無限個作れる．つまりどちらも「一方でしか作れない非可算無限個のシルエット」を生成できるのだ．（どれもパズルとしては退屈極まりないが．）

　逆にタングラムと清少納言智慧の板の共通点に目を向けよう．まずどちらも直角二等辺三角形が最小単位となっている (ポリアボロと呼ばれている図形である)．最小単位の直角二等辺三角形を合計 16 枚使っているとみなせる．それからどちらも 7 ピースだ．これは歴史の中で生き残った共通点なので，たぶん人間が楽しい，ほどよいバランスなのだろう．この制約のもとで，何らかの意味で比較したい．筆者が見つけたヒントは 1942 年のフー・T・ワン氏とチュアンチー・ション氏による研究だ．彼らはまず，直角二等辺三角形を合計 16 枚使って作れる凸多角形をすべて列挙した．これは 20 種類ある．そしてタングラムはこのうち 13 種類作れることを示している．一方，パズル研究家の秋山久義氏によると，

タングラム対清少納言智慧の板　39

図 6.5　石製のタングラム

図 6.6　九谷焼の清少納言智慧の板

40 第 6 章 シルエットパズル

清少納言智慧の板は 16 種類も作れる．3 つ多いのだ．この違いはタングラムの一番大きい三角形が悪さをしているのが原因だ．つまりこの大きな 2 つの三角形ピースのおかげで，細い凸多角形が作れないのだ　清少納言智慧の板は一番大きなピースがそこまで大きくないため，細い凸多角形も作ることができる．文字通り，清少納言智慧の板の方がタングラムよりもスマートなのだ．

■最適解

　ここまで来ると「数理的な意味での最適なタングラムタイプのパズル」を考えることができるだろう．つまり最小単位の直角二等辺三角形を合計 16 枚使っている 7 ピースのパズルで，凸多角形をなるべくたくさん作れるものが表現力があると考えるわけだ．さて，清少納言智慧の板は最適なのだろうか．それとも，もっと良いパズルがあるのだろうか．ここで計算機の出番だと言いたいところであるが，実はこの問題は計算機を使わなくても，根性があれば手作業で追い込むことができる [12]．

　詳細はここでは省略して結果だけまとめよう．まずタングラムタイプの 7 ピースのパズルで作れる凸多角形は最大で 19 種類だ．6 ピースでは 19 種類作ることはできないし，20 種類すべてを作るためには，最低でも 11 ピースは必要になる．

　ちなみに 11 ピースで 20 種類すべて作れるパズルは数理的には美しいが，最小単位の三角形がたくさんあり，パズルとしては，まったく面白くない．7 ピースのパズルで 19 種類作れるパターンは全部で 4 種類あり，どれもそれなりに面白い．図 6.7 に示す．（なお何人かのパズル好きの人たちにコメントをもらったが，一番評判が良かったものは図 6.7 (d) である．）これらは 19 種類の凸多角形が作れる数理的に最適なタングラムタイプのパズルである．勝手にジャングラムと名付けた．楽しんで遊んでいただけると幸いだ．本章で紹介したタングラムタイプのパズルを一通り遊んでみたい読者には図 6.8 のパターンをお勧めしておこう．これは，タングラム，清少納言智慧の板，ジャングラム 4 種を遊べる最小構成のピースセットだ．最近はかなり手軽に使えるようになったレーザーカッターなどで，一度このパターンを切り出しておけば，どのパズルでも楽しめるというお得なセットである．

最適解　41

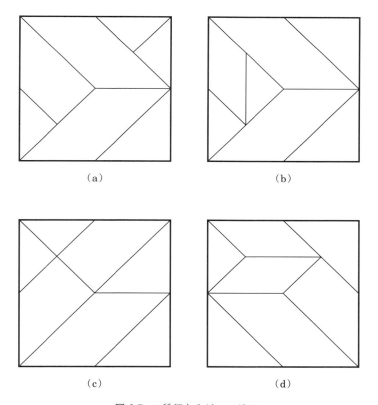

図 **6.7**　4 種類あるジャングラム

図 **6.8** タングラム・清少納言智慧の板・ジャングラム 4 種を遊べる最小パターン

理論的な難しさと最近のシルエットパズル進化形

　明示的に指摘している文献を見かけないが，実はタングラムは一般化すると NP 完全である．もう少しいうと，n 枚の長方形が与えられるとする．大きさはそれぞれ，適当な整数 k に対して $1 \times k$ だ．この n 枚の細長い長方形を与えられた枠 $a \times b$ にピッタリ埋め込むという問題は実は NP 完全で手に負えない問題なのである．すべて長方形のピースを長方形の枠にはめるというだけでも難しいというのは，いささか驚きであるかもしれない．タングラムは意外と難しいパズルなのだ．

　さて，本書では，せっかく多くのパズルを扱っているのだから，ときどきはパズルを出題しても良いだろう．図 6.1 の A, B と書かれた 2 ピースを使って「線対称なシルエット」を作ってもらいたい．これは著者が敬愛するパズル作家である山本浩氏の考案したパズルである．たった 2 ピースなんて，7 ピースのタングラムなどと比べたら簡単なのではと思う読者は，やってみると間違いなく衝撃を受けるだろう．

　もともと，この「対称形を作れ」というパズルは北沢忠雄氏が 2003 年に考案した枠組みであるが，その後，パズル業界で大流行し，今ではかなり多くの問題が考案されている (図 6.9)．例えば「対称形」といっても，線対称や回転対称など，いくつか異なる対称性がある．また，2 次元だけでなく 3 次元の立体の問題

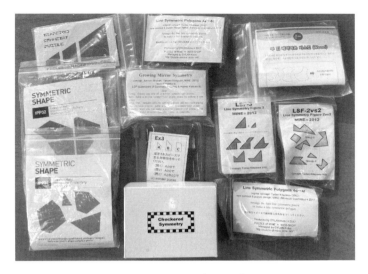

図 6.9 対称形を作るパズル

へも容易に拡張できる．こうした対称形を作るパズルの興味深い点は，2 ピースや 3 ピースといった，かなり少ないピース数でも，相当難しいパズルになることがあるという事実だ．その理由は，やってみればすぐわかる．従来のシルエットパズルと違って解となる形が明示的に与えられないため，何を目指してピースを並べればよいのか，まったくわからないのだ．もちろんいくつものパズルを遊んでいれば，そこから得られるノウハウは多少あるものの，このパズルが，ピース数がかなり少なくても難しいパズルであることは間違いない．対称形を作るパズルの難しさについての理論的な困難性は，比較的最近になって明らかになった [13] が，タングラムと比べたときに，もっとずっと難しく感じる理由は，この論文ではあまり明確に述べられていない．

こうした「解答の形が明示的に与えられないシルエットパズル」は，近年いくつかのバリエーションを生み，パズル業界では大いに流行っている．対称形を作るというパズル以外にも，内部に穴のある多角形を作って，内部と外部とで相似形を作るパズルや，2 つのピースセットが与えられて，それぞれで同じ形を作れというパズルなどが考案され，市販もされている．パズル業界以外には，まださほど知られていないように思うが，非常に特徴的な解き心地で，従来のパズルと

は違う感覚が味わえる．特に，ゴールに近づいているのか，あるいは遠ざかって
いるのかすらわからないという独特のもどかしさには，興味深い困難性がある．

　ちなみに，このパズルの楽しみ方でオススメなのは，自分で解いたあと，他人
にやらせてみて，それを観察することだ．このパズルに熱心に取り組んでいる人
を観察していると，「できているのにそれに気づかない」というシーンをかなり
頻繁に目撃するだろう．これは古典的なパズルでは，なかなか見られない興味深
い現象だと思う．

第7章
重ねるパズル

■ 重ねるパズル

　6章のシルエットパズルの中で出題した2ピースの対称形パズルは楽しんでもらえただろうか．大きいピースのある辺の，やや中途半端な位置に小さいピースを置けば線対称図形になる．大きいピースにうまく補助線を入れると菱形と三角形に分けられることと，その三角形が小さいピースと合同であることに気づけば，「ネコ型」と「キツネ型」の2つの解があることにも気づくだろう．一度気づいてしまった後では，他人がやっているのを見ていると口を出したくて，うずうずするタイプの罪作りな楽しいパズルである．

　さて6章のシルエットパズルは，与えられたピースを重ねずに並べて，そのシルエットが求める形になるようにするものだった．これは，ある程度の一定の厚みのあるピースが向いているため，木やプラスチックなどで作られることが多い．

　その一方で，重ねることでシルエットや絵柄を作るパズルも歴史のあるパズルである．こちらは薄い素材が向いているので，紙や薄い金属で作られることが多い．古典的なパズルの中でも特に有名なものを図7.1に示す．正8角形の板5枚には，それぞれ違った形の穴が空いていて，この5枚をうまく重ねると，穴の共通部分がウサギのシルエットになるというパズルだ．1900年ごろのパリで売られていたという記録がある．

　まだやったことがない読者には，ぜひ取り組んでみていただきたい．このパズ

第 7 章 重ねるパズル

図 7.1 重ねるシルエットパズル：板を重ねてウサギのシルエットを作る．2 解．

ルを実際にやってみると，予想外に手強いことに気づくだろう．たった 5 枚なのにと思いがちであるが，少し冷静に考えてみると　まずそれぞれのカードには裏と表がある．しかもカードは正 8 角形なので，可能な配置が 8 通りもある．枚数が少ないわりには組合せがかなり多いのだ．しかもこのパズル，ウサギのシルエットが 2 種類作れるというから驚きだ．それぞれのカードの絵柄が具象的であることも考えると，かなりよくできたパズルだと思う．

このように「重ねると隠れていた何かが見えてくる」という仕掛けは，いろいろな実現方法が考えられる．筆者が小学生の頃，スーパーカーブームというものがあり，その頃，スーパーカーを描けるテンプレートが流行っていた．これは，最初にテンプレートの上半分の溝をなぞって線を描き，次にテンプレートを上下ひっくり返して他方の溝を重ねてなぞるとスーパーカーが描けるというものだった．また当時「クルクルエカキ」という商品が売られており，複数のテンプレートを順に同じ位置に重ねて描くと，アニメの主人公などが描かれるものであった．原理は同じである．これらは総称してマジック定規と呼ぶようだ．180 度回

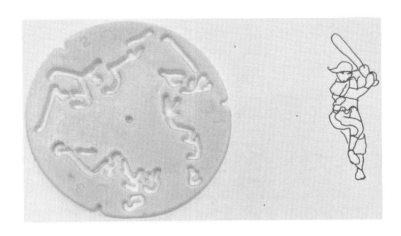

図 **7.2** マジック定規の例：120 度ずつ回転させて 3 回描くと王選手が描ける．

転させて 2 回描くものと，120 度ずつ回転させて 3 回描くものに大別される．4 回以上描くものも原理的にはできそうだが，ちょっと操作性に難があるのかもしれない．図 7.2 にマジック定規の一例を示す．ネットの威力を活用して各種を改めて購入して確かめてみたが，なかなか巧妙に作られていることに感心する．一つの絵を複数のテンプレートに分けるのは，テンプレートを非連結にしないための工夫である一方で，ある程度できあがるまで，絵を隠す目的もあるようだ．こうした昭和の香りただよう駄玩具を今改めて見ても，そこにはかなりさまざまな工夫が凝らされている (そして今やっても楽しい！) と再認識した次第である．

　こうして「重ねる」ことで「隠れた絵」を見つけるという仕掛けはパズルとの相性が良い．筆者の知る限りでも「うまく重ねることで何かを達成するパズル」にはさまざまなバリエーションがある．例えば透明シートに色をつけておいて，重ねて混色するものもある (図 7.3)．あるいはシルエットではなく，カードに描かれた絵を順序良く重ねることで目的とするパターンを作るものもある．こうした「重ねる」ことのいろいろな特徴を巧妙に使ったパズルが存在する．筆者のコレクションの中でも特に印象的なパズルを図 7.4 に示す．これはおそらく「15 パズルのピースを色付きにしよう」という発想のパズルだ．原理的には 15 パズルと同じようなパズルであるが，各ピースは色付きの透過性のあるプラスチックでできており，下の盤面にもそれぞれのマスごとに異なる色がついている．与

48　第 7 章　重ねるパズル

図 7.3　さまざまな重ねるパズル．透明なフィルムに色をつけたパズルが多い．

図 7.4　重ねるスライディングブロックパズル：タイルの色と盤面の色が混ざるため，わけがわからない．

えられた色の配置に戻すことがゴールだ．やっかいなことに，このパズルは個々のピースが盤面から外れないようになっており，個々のピースの色や下の盤面の色がよくわからない．そのために拷問のようなパズルになっている．着想は悪くない気はするものの，パズルというよりはモダンアートとして楽しんでおく方が無難だ．

Kaboozle の困難性

筆者の思い出深い論文の一つに文献 [14] がある．これは Kaboozle というパズルを扱った論文だ．Kaboozle は 4 枚の穴あきカードに絵が描かれたタイプの重ねるパズルである (図 7.5)．パズルの目的は，カードをうまく重ねて，同じ色の経路を片面あるいは両面に作るパズルである．たった 4 枚なのに，なかなか手ごわい．

さてこうした「重ねて絵柄を出すパズル」の難しさはどこにあるのだろう．少ない枚数でも難しいのは，組合せの数が多いからであろう．ここで考えられる要素は，カードの裏表，カードの向き，そしてカードを重ねる順序である．結論からいうと，文献 [14] では，これら 3 つの要素は実はすべてが効いていることが示された．つまり，この 3 つの要素は，どれか 1 つだけを使っても十分に難しいパズルを作れることがわかった．どれか 1 つだけでも難しいので，複数の要素を取

図 7.5　パズル Kaboozle

50　第 7 章　重ねるパズル

り入れたパズルは，枚数が少なくても難しくなるのであろう．

　文献 [14] では，長方形のカードを n 枚用意して，これらをうまく重ねることで狙ったパターンを出す問題が一般には NP 完全であることを証明している．その中で，3 つの要素を 1 つずつ切り出して議論している．具体的にはどう考えたらよいだろう．

　まずカードの順序だけを考える場合については，n 枚の長方形カードをすべて数珠つなぎにして，ジャバラのようにしか折れなくして考えている．この場合，ジャバラをすべて折り畳むとすると，個々のカードの上下や裏表は変えられず，ジャバラにする際にカードの間の折り目に他のカードをどのように挟み込むかということしか選択の余地がない．つまり，カードの順序しか変えられないだけでなく，実現可能な順序もかなり制限されている．それでもこの問題は NP 完全になる．なお，この問題設定は「切手折り問題」と呼ばれている問題と密接な関係がある (詳細は 13 章)．大雑把にいえば，これほど制限をしても，やはり指数関数的に難しくなるのだ．

　カードの裏表だけを許す場合と，上下反転だけを許す場合は，どちらもカードの順序を固定して，それらの操作だけを認めるという条件で困難性を示せばよい．これはどちらも 2^n 通りの場合があるので，やはり指数関数的に難しくなる問題である．

　こうした個々の要素だけを抜き出しても依然として難しいことから，これらの要素を組合せて問題を作れるのであれば，たとえ枚数が少なくてもこのパズルが難しいという理由が，ある程度は説明できる．(本稿を書いていてふと思いついたが，定数枚のカードをどれも正 n 角形にしたらどうだろう．n が大きいと難しいだろうか．カードを k 枚用意したとすると，これは裏表を考えても $(2n)^k$ 程度の組合せしかないため，カードの枚数を定数枚にすると，相対的にはあまり難しくないことがわかる．つまりカードの角を増やすことよりも，枚数を増やすことの方が劇的に難しさに貢献することがわかる．みなさんの直観には合致するだろうか？)

　さて，文献 [14] は筆者の思い出深い論文の一つであると書いた．実はこの論文，筆者の中では「超短期間で仕上げた論文トップ 3」の 1 つである．当時職場の先輩であった浅野哲夫氏と筆者は，MIT の教育システムの視察のためにボス

トンを訪問していた．その週末，旧知の中だった MIT のドメイン親子とボスト
ン美術館で落ち合って昼食を共にした．このときに父親の方のマーティン・ドメ
イン氏がミュージアム・ショップで見つけて買って持っていたのが Kaboozle で
ある．彼としては，昼食の場を盛り上げようと思ったのかもしれない．そしてお
そらくは彼の想定以上に話は盛り上がり，実質的に，この昼食の場で 4 人でディ
スカッションした結果を詰め込んだのが文献 [14] である．このときの筆者はな
ぜか「ボストン滞在中に 3 人に論文を送って驚かす」といういたずらを密かに企
てた．昼間は事務方と共にボストンのあちこちを視察しつつ，夜中にホテルで文
献 [14] の初稿を書き上げて，目論見通りボストン滞在中に 3 人に送りつけて驚か
せたのは良い思い出である．ボストンという街と，そこにある大学 MIT は，と
ても魅力的で，創造性に溢れたところなのだ．

第 8 章
マッチングパズル

■ マッチングパズル

本章ではマッチングパズルを取り上げよう．マッチングパズルとは図 8.1 のようなパズルである．典型的には，正方形のピースが 9 枚あり，3×3 の正方形に並べて，正方形同士が接している辺の上で，絵柄が合致するようにするものだ．正方形以外にも正 3 角形や正 6 角形をベースにしたパズルもあり，枚数も変えられるため，バリエーションが作りやすい．紙や木に印刷して簡単に安く作れるためか，図 8.1 にある通り，ノベルティグッズやお土産として，国内外を含めて多くの種類がある．

このパズル，簡単そうに見えて意外と手強い．枚数のわりに組合せがかなり多いのだ．例えばよくある正方形 9 枚でも，裏表に印刷されていると，(裏表)×(東西南北)×(配置の 9!) と考えると，全部でなんと 2,903,040 通りも組合せがある．適当に並べてなんとかなるパズルではないことがわかる．

しかしこの議論には実は少しおかしなところがある．マッチングパズルは，絵柄をマッチさせないと置けないのだ．可能な組合せをすべて試す必要はないのだから，必ずしも組合せが多ければ難しいというわけでもない．極端な話，すべての絵柄が，自分とマッチする相手が一つしかなければ，話は簡単なのではなかろうか．

図 8.1　さまざまなマッチングパズル

簡単な話なのか

　少し考えてみると「自分とマッチする絵柄が一つしかないマッチングパズル」は誰でも知っている，お馴染みのパズルだ．そう，ジグソーパズルこそ，各辺でマッチするペアが 1 通りしかないマッチングパズルだ．数理的なパズルが好きな人の中には，ジグソーパズルをパズルとして認めない人が少なからずいる．「数理」成分が入ってないというわけだ．しかし，実はジグソーパズルにもかなりおかしな亜種がいろいろとあり，それはそれで楽しめるものがたくさんある．筆者が知っている限りでも，ジグソーパズルの上に別のジグソーパズルのカッティングパターンだけが印刷されているもの (本当の継ぎ目なのか印刷されている継ぎ目なのか，だんだんわからなくなってくる) や，ジグソーパズルの絵柄がクロスワードパズルになっているものなど，絵柄に工夫があるものもあれば，図 8.2 に示した 1 ピースのジグソーパズルというわけのわからないものも市販されている．(このジグソーパズルは柔らかい素材でできた 1 ピースのパズルだ．見た目

第 8 章　マッチングパズル

図 8.2　1 ピースの巨大ジグソーパズル

ほどは難しくない．製品名は pieceless puzzle，つまり「ピースのないパズル」という名前である．その名前は矛盾しているような気がするが，そこを突っ込むのは野暮というものだ．)

　とはいえ，ジグソーパズルの難しさは「マッチする相手を探す」ところにあるので，いわゆるマッチングパズルの数理的な難しさとは，やはり違う種類の難しさと考えるべきであろう．そういえば 2010 年ごろ，ガラス製の無色透明なジグソーパズルが発売されたことがある．透明でピースの裏表が区別できないものであった．ピース数は決して多くなかったが，通常の無地のジグソーパズルよりも桁違いに難しかったに違いない．これはガラス会社が技術力を示すために企画したようで，ピースを一つひとつ切り出して，切断面を加工して透明度を高めたとのことであった．値段も桁違いに高かったので，筆者も店頭のディスプレイでしか本物を見たことがない．機会があればやってみたい気もするが，生還できないかもしれない．

　さてジグソーパズルを組むときには，通常は「隅のピース」をまず 4 隅に置いて，「端のピース」で周囲の枠組みを囲っておいて，そこを足がかりに中身を埋めていくのが常套手段である．そんなジグソーパズルの定石をあざ笑うようなパズルが最近発売された．浅香遊氏がデザインした「沼パズル ジグソー 29」である (図 8.3 左)．このパズル，一見普通のジグソーパズルだが，よく見ると「隅の

図 **8.3** 浅香遊氏のパズル，ジグソー 29 とジグソー 19．

ピース」に見えるものがなんと 5 ピースあるではないか．同氏のパズルのシリーズにはさらに「沼パズル ジグソー 19」というのもある (図 8.3 右)．こちらはなんとピースがすべて「隅のピース」の形をしている．もちろんどちらも，ちゃんとすべてのピースを使って長方形に組める．筆者はこのパズルを初めて見たときに衝撃を受けた．なんという発想力だろう．

数理や算法からはだいぶ外れてしまったが，こういう発想は新しい視点をもたらしてくれる．

マッチングパズルの困難性

さてマッチングパズルに戻ろう．ジグソーパズルとの比較をするならば，ここで考えているマッチングパズルは，それぞれの辺において，合致する相手ピースの候補が複数あるというところが困難性の基礎となっている．数理的な観点から見ると，このパズルは枚数を多くすれば指数関数的に難しくなることに疑いの余地はない．前回のシルエットパズルと類似の性質を感じる読者も多いだろう．市販品では 256 枚ものピースを 16 × 16 に並べろというパズルが販売されたことがある．これは Eternity II というパズルで，2007 年に発売され，2010 年の 12 月 31 日までに解けば，なんと 200 万ドルもらえるという賞金付きのパズルであった (図 8.4)．

パッと見ると，なんとなく解けそうに思えるという，マッチングパズルの特徴

56   第 8 章　マッチングパズル

図 8.4　Eternity II

を活かした商売だったのかもしれない．もちろん (？) これを期限までに解けた人はおらず，賞金を全額受け取った人はいない．480 箇所のうち 467 箇所がマッチした「相当がんばった解」が最高記録のようだ．Eternity II は賞金の期限が過ぎた後は，どうも叩き売られているようで，筆者もネットで新品を格安で入手した．研究室でときどき学生らがチャレンジしていることもあるが，完成への道のりは遠そうだ．

　実は理論的な観点からは，マッチングパズルは $n \times n$ はおろか，なんと $1 \times n$ と 1 列に並べる問題でも一般に NP 完全であるということがすでに証明されている [15]．このことから，たとえスパコンがどれほど進歩しても，Eternity II は，ずっと歯が立たないままではなかろうかと筆者は予想している．

解けるマッチングパズル

さて「沼パズル ジグソー 19」や「沼パズル ジグソー 29」の作者である浅香遊氏の個人のサイトを覗いてみると，非常におしゃれなデザインのパズルが並んでいる．筆者はある日，この中のバード 11 というパズルを見てかなり驚いた．このパズルは図 8.5 のようなパズルだ．フレームには 11 個の穴が空いていて，ピースも 11 個ある．それぞれ円形がベースになっているが，凸凹があり，ピースはそれぞれの穴に入ったり入らなかったりする．すべてのピースを穴に収めるのがゴールだ．(鳥を巣穴に戻すイメージなのだろうか．)

図 **8.5** 浅香遊氏のパズル，バード 11

このパズル，グラフ理論の言葉で解釈すると，次のようにモデル化できる．穴を頂点として，ピースを頂点とする．ピースが穴に入るとき，これらの頂点を辺で結ぶ．するとグラフは，穴頂点が 11 個でピース頂点が 11 個のいわゆる 2 部グラフとなり，パズルの解は，どの辺も端点を共有しない 11 本の辺の集合となる．この解はグラフ理論の用語では「完全マッチング」と呼ばれる概念である．つまりバード 11 は，2 部グラフの完全マッチングを求めよというパズルであり，上記の一連の「マッチングパズル」とはまったく違う意味での「マッチングを求めるパズル」なのだ．

完全マッチングでモデル化して解けるパズルはほかにもある．例えば 1969 年に出版されたパズルの本『パズルとプロブレム』には次のパズルが出題されている[*1]：

[*1] 『パズルとプロブレム』藤村幸三郎著，ダイヤモンド社，1969 年．

58　第 8 章　マッチングパズル

　　例題 1　4 組の結婚
　「お正月でおめでたいが，来月の節分にはおめでたでね，4 組も結婚
　式の仲人を一時に頼まれて忙しくてかなわんよ」
　「ほほう，それはそれは．で，だれだれが結婚するのですか」
　「えーと，いやさきほどからおとそに酔ったらしいがね——

　　　（1）X さんは B 君かまたは C 君と結婚する．

　　　（2）Y さんは A 君かまたは B 君と結婚する．

　　　（3）Z さんは A 君かまたは C 君と結婚する．

　　　（4）B 君は W さんかまたは Y さんと結婚する．

　——たしかこのようになっているのだがね」
　この話から，男性は ABCD の 4 人，女性に WXYZ の 4 人として，
　だれとだれが結婚するのかをあててください．

　文章に味わいがあるので，そのまま引用させていただいた．ともかく，この
問題も，見た目はかなり異なるが，完全マッチングを用いて解くことができる．
(元の本では表で解いているが，グラフの方がずっと見やすいように思う．) まず
ABCD の各男性と WXYZ の各女性を頂点とし，結婚する可能性のある二人を辺
でつなぐ (図 8.6)．そしてここから端点を共有しない 4 つの辺を選べば良い．次
数が 1 の頂点があれば必ず選んで，選ばれた頂点とその相手の頂点はグラフから
削除していけばいいので，順に (D,W), (X,C), (Z,A), (B,Y) と完全マッチングが
見つかる．
　そういう視点で改めて見ると，バード 11 は 2 部グラフの完全マッチングとい
うグラフ理論上の概念を，古典的なロジックパズルとは異なる方法で，非常にう
まく実物のパズルとして実現していることがわかる．浅香遊氏がグラフ理論を勉
強したことがあるかどうかはわからないし，こうしたロジックパズルを参考にし
たかどうかもわからないが，いずれにせよ，グラフ理論上の概念を，ここまでう
まく実体化するデザインのセンスには恐れ入る．
　そしてここで強調すべきは，2 部グラフの完全マッチングについては，多項式
時間で求めるアルゴリズムがすでに知られているということだ．グラフアルゴリ
ズムの分野では，かなり古典的で非常に有名な結果だ．ただし，この多項式時間

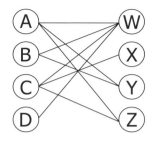

図 8.6　4 組の結婚パズルをグラフで表現したところ

図 8.7　浅香遊氏のパズル，ジグソー 16

アルゴリズム，それほど単純というわけではない．グラフのマッチングを求める多項式時間アルゴリズムには，長い歴史と先人たちの知恵が詰まっており，初学者を阻む厚い壁でもある．つまり，このバード 11 は，理論的にはコンピュータで「ぎりぎり解ける難しさ」をもつ興味深いパズルなのだ．

本書を通じて紹介したほとんどすべてのパズルは「一般化すると NP 困難である」と紹介してきた．これはつまり，理論的には，規模を大きくすると難しくなり，たとえコンピュータでも解けないということを意味している．「人間が面白いと感じるパズルは，どれも一般化すると NP 困難である」というのが筆者の長年の (主に研究集会の 2 次会での) 主張であった．そんな筆者にとって，バード 11 は長年の主張に対する強烈な反例なのだ．

なお浅香遊氏はその後，「沼パズル ジグソー 16」というパズルもデザインしている (図 8.7)．これはバード 11 のマッチングパズルと同じ原理のパズルだけで

60 第 8 章 マッチングパズル

なく，さらに透明な 4 × 4 のジグソーパズルも楽しめるというお得なパズルだ．
ある意味で，いろいろなマッチングパズルが埋め込まれているところが新しい．
若手作家の新しいパズルは，ときに古典的な結果や，そこからくる古い思い込み
を遠慮なく打破して，新しい視点をもたらしてくれる．とてもありがたい存在で
ある．

第 9 章 アンチスライドパズル

■ パズルの難しさとは？

　本書のタイトルは『パズルの算法』である．算法とはアルゴリズム，つまりパズルの解き方を考えたいという気持ちを表している．根底にあるのは「パズルの難しさ」とは何だろうという好奇心だ．「パズルの難しさ」を考えるのは難しい．例えば同じパズルであれば，ピースの数が多ければ一般には難しさは増すだろう．しかし違うパズル同士の難しさを比較するのは，とても難しい．そのための手がかりとして NP とか PSPACE といった計算量クラスを物差しとして持ち出すのは一つの方法である．とはいえ，「ピースの数」を手がかりにするなら，ピースの数が少なくても難しいパズルは，パズルそのものが難しいと考えてよさそうだ．

　さて「ピース数が少なくても難しいパズル」といって筆者が最初に思いつくのは 6 章で紹介した「対称形パズル」だ．このパズルは 3 ピース，場合によってはわずか 2 ピースでも解きごたえのある問題がいくつも考案されている．6 章でも言及したように，筆者の知る範囲でも「ピースが少なくても難しいパズル」というのはほかにもいくつかあるのだが，こうしたパズルには共通点がある．端的には「ゴールの形が明確に与えられない」という特徴だ．ゴールの性質は与えられるのだが，具体的にどんな形を目指せばよいのかがわからない．こういうパズルは大層もどかしく，パズルを解いていても，大海原の中で見えない島を目指してボートで漕いでいるようなものだ．果たしてゴールに近づいているのか遠ざかっ

ているのかすらわからない不安を感じる．この独特の感覚こそがこうしたパズルの難しさの根幹にあるように感じている．

本章で紹介するのは，そうしたパズルの一つ「アンチスライドパズル」だ．

アンチスライドパズル

最初にアンチスライドパズルを考案したのは著名なパズル作家ウィル・ストライボス氏で，1994 年のことだ．このパズルは 2007 年に製品化されており，印象的なデザインから，見覚えがある読者も多いかもしれない (図 9.1)．パズルのピース構成がとてもシンプルなところも魅力の一つだ．具体的には大きさ $4 \times 4 \times 4$ の立方体の箱に大きさ $1 \times 2 \times 2$ のピースを詰め込むというパズルだ．素直に詰めると 16 個入るわけだが，このパズルの目的はアンチスライド，つまり「x 個詰めて箱を振ってもカタカタしないようにせよ」というものだ．$x = 16$ だと，そもそも隙間がないのでどう詰めても大丈夫だが，$x < 16$ だと，たとえ隙間が空いていてもピース同士が互いに支え合うようにしなければならない．（ちなみに，ピースを斜めに詰めるといった小細工はご法度である．）$x = 15, 14, 12, 13$

図 **9.1** サイコロキャラメルパズル

と 4 問楽しむことができて，この順に難しくなる．12 個の方が 13 個より簡単な
ところや，12 個未満だとピースをどう詰めてもカタカタしてしまうところが興
味深い．

　このパズルを皮切りに，2 次元版のアンチスライドパズルが多数考案されてい
る．典型的には四角いフレームにポリオミノ (付録参照) のピースをいくつか詰
めて，フレームを傾けてもピースが動かないようにせよといった具合だ．

　普通の箱詰めパズルに似ているが，箱詰めパズルは通常，ケースの体積や面積
と，中に詰め込むピースの体積や面積の合計が一致して，隙間が生じないことが
多い[*1]．しかしアンチスライドパズルでは，中に収納すること自体は簡単な場合
が多く，「いかに少ないピースで中で互いにロックさせるか」というところがパズ
ル作家の腕の見せどころとなっている．パズルによってはスカスカで，「本当
にこれでロックできるのだろうか？　ピースをなくしてしまったのではないか？」
と不安になるものもある．ほとんどの場合，ケースに収めて片付けることは簡単
なので，箱詰めパズルよりも部屋が散らからないというメリットはあるかもしれ
ない．

アンチスライドパズルをコンピュータで解くには

　さて話を簡単にするために，2 次元平面上でポリオミノを使ったアンチスライ
ドパズルを考えよう．プログラマになったつもりで，アンチスライドパズルを解
くアルゴリズムを少し丁寧に考えてみよう．実はこれが意外と深い．そもそも，
あるピースが「アンチスライドである」とはどのような状態なのだろうか．例え
ば図 9.2 をご覧いただきたい．左の正方形ピースはスライドするだろうか，しな
いだろうか．人間なら，ちょっと回転させれば動くことがひと目でわかり，うま
く振ったら「カタカタする」ので普通は「スライドする」と考えるだろう．では
右の長方形ピースはどうだろう．これは実際にはまったく回転しない．したがっ
てこちらはアンチスライドであると考えるべきだろう．この 2 つの状況の違い
をきちんと定式化するのは，かなり難しい．例えば長方形が 45 度ではなく 30 度

[*1]　余談だが，筆者の経験上，隙間のある箱詰めパズルは，隙間のない箱詰めパズルよりも難しいこと
が多い．これはこれで興味深い．

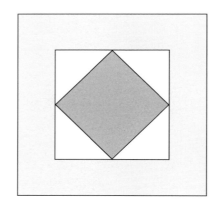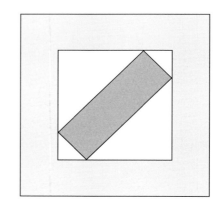

図 **9.2** スライドするのか？

で枠に内接していたらどうだろう．長方形が菱形だったらどうだろう．これらは本質的にどこが違うのだろう．そこがわからないと，プログラムも作りようがない．また，あるピースの「角」が別のピースの「角」で点接触で支えられていたらどう判断すべきだろう．そちら方向にはスライドしないと考えるべきなのだろうか，それとも，そんな不安定な配置は許すべきでないのだろうか．このようにピースを斜めに置くことまで考えると，アンチスライドという性質は，数学的にかなりデリケートな連続量を用いた議論が必要となりそうだ．

ではピースを斜めに置くことを許したから問題は複雑になったのだろうか．そこを掘り下げて考えるため，以下ではピースを斜めに置いてはいけないものとしよう．2 次元の正方格子を仮定して，枠組みもピースもポリオミノで，すべての頂点は格子点に置くことにしよう．アンチスライドパズルは，ここまで単純化しても，それほど簡単なパズルではない．図 9.3 をご覧いただきたい．これは果たして「アンチスライド」なのだろうか？ もちろん誤差ゼロで精密にピースを作ればアンチスライドだ．しかし少しでも遊びがあったり，横方向が長かったり，中央の長方形がもっとずっと細かったりすると，ちょっと振っただけで，現実的には斜めに傾いてカタカタしてしまうだろう．

さらに図 9.4 をご覧いただきたい．どちらもほとんど同じに見えるし，どの 1 ピースを見ても，それを単独で動かすことはできない．しかし一方はケースを

アンチスライドパズルをコンピュータで解くには 65

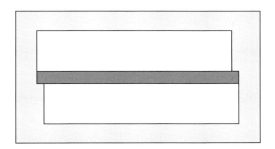

図 9.3 スライドしないのか？

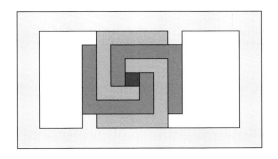

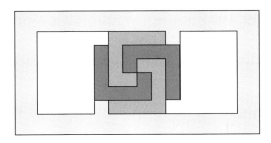

図 9.4 これらはアンチスライドなのか？

66　第9章　アンチスライドパズル

振っているとピース同士がだんだん離れていき，最後にはバラバラになって，枠組みの中でカタカタしてしまう．それに対して，他方はピース同士ががっちりとロックされたままで，どんなにケースを振ってもバラバラになることはない．つまり一方はアンチスライドだが，他方はそうではない．どちらがアンチスライドなのか，すぐにわかるだろうか．それをプログラムで判定しようと思ったら，どうしたらよいだろうか．

　このようにさまざまな状況を考えてみると，アンチスライドと一口に言っても，考えなければならない要素がいろいろとある．一見するとかなり単純な話に見え，特に人間はなんとなく「アンチスライドでロックして動かない」とか「うまく揺さぶると，だんだん緩んできてカタカタする」と判断がつくことが多い．しかし，人間の直感も時には当てにはならず，「アンチスライド」という性質をちゃんと定式化しようとすると意外と難物であることがわかる．

　近年，何人かの研究者たちが「アンチスライドパズルをコンピュータで解く」という研究に挑戦してきた．しかし筆者が調べた範囲では，どれも「アンチスライド性」を正確には定式化しておらず，人間の直感的な理解に頼った議論になっていた．逆に言うと，その範囲でなんとかなる問題を扱っている論文しかなかった．しかも一部の論文で「アンチスライド」と言っている配置の中には，理論的な枠組みとしては一理あるものの，おそらく人間なら同意しないだろうと思われるものもあった．

　そこで筆者の研究グループでは，アンチスライド性の定式化と，いくつかの問題の計算量的な難しさを明確にした [16]．定式化には，「ある方向に対してアンチスライド」と向きを導入したり，あるいは「ポリオミノ」に限定したアンチスライド性などを導入したり，いくつかの少しずつ異なる「アンチスライド」を注意深く定義する必要があった．

　結論からいうと，ある種のモデルでは，「与えられた配置がアンチスライドか？」という問題はコンピュータで比較的簡単に判定できる (正確には多項式時間アルゴリズムが存在する) が，「与えられたピースを与えられた枠の中でアンチスライドになるようにせよ」という問題はコンピュータでも手に負えない (正確には NP 完全問題である) ことがわかった．もう少し具体的に言うと，図 9.4 の2 つの例は，どちらがアンチスライドであるのか，プログラムで簡単に判定でき

る．その一方，枠組みもピースもすべてポリオミノで，ポリオミノは斜めに置けないとしても，そのパズルがアンチスライドな配置を持つかどうかを判定する問題は NP 完全問題であった．

アンチスライドパズルは，理論的な研究に関しては，比較的明確な形のゴールに無事にたどり着けた．とはいえ，私たちの直感だと感覚的にすぐわかることでも，まだまだモデル化が不十分な場合もあり，研究の余地は多い．

第10章 ルービック・キューブ

■ ルービック・キューブと仲間たち

　ルービック・キューブを知らない読者はおそらくいないだろう．エルノー・ルービック氏が1974年に考案し，日本では1980年に発売され，世界中で大流行した，あのパズルだ．オリジナルは3×3×3に分割された立方体であり，分割された面で自由に回転し，崩した面をもとに戻すのが目的のパズルだ．近年では分割の数やパターンに工夫を凝らしたものが驚くほどたくさん存在する．図10.1は2019年に金沢で実施された「金沢パズル博覧会」で展示されていたキューブパズルであるが，個人のコレクションの一部だというから驚きだ．

　こうしたバリエーションを見ると，形もさまざまで，分割の方法もさまざまだ．最近では，非対称に分割されたもの，ギア状に分割されて部分的に連動して回転するもの，さらには中央が空洞になっているものまである．こうしたパズルは，内部の仕掛けがどうなっているのかを想像するのも，ある意味でパズルであり，実際，こうした機構の考案そのものを楽しんでいるパズルデザイナーもいる．今では3次元プリンタで試作できることもあり，さまざまな機構が考案され，こうしたキューブパズルとして作られている．

　そう考えると，どこまで「ルービック・キューブの仲間」と言えるのかが難しい問題となってしまう．本稿では大きさ$a \times b \times c$の直方体を$a \times b \times c$に分割し，それぞれの軸方向に対して回転できる，いわゆる普通のキューブパズルを考えよう．そこまで限定しても，なお境界はそれほど明確ではない．例えば筆者のコレ

図 10.1　ルービック・キューブの仲間たち

クションにある $1 \times 3 \times 3$ のキューブは，バージョンが 2 種類あり，古い方は $1 \times 1 \times 3$ の単位で 180 度単位でしか回転できない．特に回転のときに角のピースが外れないようにする仕掛けが工夫のしどころであり，こちらのバージョンは，回転するときに中央部分が少し膨らむところが興味深い．一方の新しい方は 90 度単位で回せる部分もあり，操作しているとそもそも直方体に戻せなくなってしまう (図 10.2)．実現できる形の種類がかなり違うため，前者と後者とではパズルとしての難しさも大きく異なっている．

また，ルービック・キューブの分割を細かくすることが好きなパズルデザイナーもいて，筆者が調べたところでは 2017 年にグレゴワール・フェニヒ氏が $33 \times 33 \times 33$ のキューブパズルを制作している．あまりにも巨大なキューブは市販品と呼べるかどうか微妙なところだが，$7 \times 7 \times 7$ くらいまでは比較的容易に入手可能だ．

では，こうしたキューブパズルはどのくらい難しいのだろう．

図 10.2 新しい機構の $1 \times 3 \times 3$ のキューブパズル

● ルービック・キューブの解法：人間編

　ルービック・キューブの楽しみ方は人それぞれだと思うが，近年は速く解くことを目指したスピード競技がとりあげられることが多いように思う．筆者自身が子供の頃に考案した方法では，まず角を揃えて，次に辺の中央にあたるピースを順に揃えていくものだが，これはあまり速くないようで，実際に競技をやっている人たちを観察すると，下段，中段，上段と段ごとに揃えている人が多い．しかしどちらの方法にせよ，基本的なアイデアには共通のものがある．具体的には「他の部分に影響を与えずにピースを入れ替える」といった，局所的な操作をひとまとめの単位にして，それを繰り返し適用して少しずつ揃えるというものだ．

　実際の競技においては「操作の単位を数多く記憶していること」「なるべく少ない単位を適用する手順を素早く見出すこと」「ひとまとまりの単位操作を高速に実行すること」が重要になる．つまり，多くの種類の武器をもち，武器を効率的に，かつ高速に使うことが求められるわけだ．筆者の知人のキュービストは，いつも手の中に特定のメーカーのルービック・キューブを持っていて，手遊びに操作している．彼によると「育てている」そうで，たしかによく育てられた競技用のキューブは非常に滑らかに動き，小指でも操作できるとのことだ．

　こうした競技には運もあるだろう．特に最初に渡される配置はどうやって決めるのか疑問に思う読者もいるだろう．実際には互いにキューブを交換して，相手のキューブをシャッフルするという方法があるようだ．筆者が参加したあるイベントで，こうした競技が行われたところを実際に見たことがある．当時の世界

チャンピオンを含めた数人が競い，10 秒もたたずに決着がついた．筆者の知人のキュービストが，意外と時間がかかっていたので後で聞いてみたところ，「辺のキューブをひねられた」とくやしがっていた．実はルービック・キューブにはパリティがあり，辺のキューブを外して 180 度回転させてはめ直すと，決してもとに戻らないのである．真剣な競技会ではなかったので，いたずらを仕掛けられたのかもしれないが，なかなかに手厳しい世界だなぁと痛感した次第である．

さてルービック・キューブの競技は 3×3×3 以外にもさまざまな大きさで実施されている．Wikipedia には 2×2×2 から 7×7×7 までの記録が載っている．ここでルービック・キューブの大きさを n×n×n に一般化して考えよう．上記の記録を観察すると，n が大きくなるにつれて，解くために要する時間ももちろん増える．さて，ここで私たちが「もちろん」と思う根拠はどこにあるのだろう．

ルービック・キューブの解法：コンピュータ編

ルービック・キューブの辺の長さ n が大きくなれば，パズルとしての難しさは増すだろうと書いた．それはなぜだろう．端的には「手数が増えるから」に他ならない．n が大きくなるにつれて，手数が増えるから解くのに時間がかかるのだ．時間がかかるのは，必ずしも難しくなっているわけではないと考える読者もいるだろう．しかしここでは「時間がかかること」をすなわち「難しい」と定義してしまおう．

さて，大きさ n×n×n のルービック・キューブはどのくらい難しいのだろう．これは実はかなり詳しくわかっている．文献 [17] によれば，どんなにシャッフルしたパターンからでも，n^2 に比例する手数をかければルービック・キューブは戻せる．具体的な手順もわかる．実際，上記の Wikipedia に載っている人間の達成した記録をグラフにプロットしてみると，かなりきれいに 2 次曲線に乗っている様子が見て取れる．この論文で与えている具体的な手順は最短ではないが，同論文によると最短手順の手数は $n^2/\log n$ に比例する関数であることまでわかっている．ただしこれは構成的な証明ではないため，最短手順そのものはわからない．

そうすると，具体的にどこまで速くできるのだろうという興味が湧いてくる．

72　第 10 章　ルービック・キューブ

$3 \times 3 \times 3$ のルービック・キューブについては，具体的に 20 手であることが 2010 年に判明した．つまり，どんなにシャッフルしても，20 手以内でもとに戻せるということだ．これは専用の Web サイト[*1]を見るとわかるが，かなり大きなプロジェクトで，Google が協力して当時としては膨大な計算機パワーを注ぎこんで明らかにしたものだ．これを丸暗記して競技に臨むのは，いささか難しそうだ．

ともあれ，ルービック・キューブの最短の手数は，$n = 3$ のときは 20 であることがわかった．$n = 4$ 以上の場合はどうだろう．もちろん今はわかっていないが，将来，n から直ちに知ることができるようになる望みはあるのだろうか．どうもそれは絶望的だろうという結果が文献 [18] で示されている．実は与えられた n に対する最短手数を求める問題は NP 完全問題なのだ．つまり P = NP でない限りその望みはなく，そもそもミレニアム懸賞問題である「P ≠ NP 予想」がその前に立ちはだかっているのである．

■ ルービック・キューブの流行の秘密？

さて，これまでみたように，ルービック・キューブにはパリティがあり，辺のピースを反転すると回転するだけでは戻せない．ルービック・キューブの可能なすべての色の配置は複数のグループに分割され，同じグループに属するパターン同士は互いに行き来できるが，グループをまたぐ遷移は不可能である．文献 [17] にも示されているとおり，同じグループに属するパターンであれば具体的な解法があり，複雑ではあるものの，がんばれば解けるパズルでもある．ところが驚いたことに，最短手数で解こうと思うと，途端に手に負えない NP 完全問題に豹変する．

こうした特徴，どこかで聞いたことはないだろうか．そう，実はこれらの特徴は 5 章で取り上げた 15 パズルとまったく同じなのだ．理論計算機科学の観点からあえて言えば，2 次元のパズルであった 15 パズルを 3 次元に拡張したものがルービック・キューブなのだ．15 パズルといい，ルービック・キューブといい，それぞれの時代で社会現象になるほど流行し，現在でも「誰でも知っているパズル」として生き残っている．そこにはこうした共通点が効いているのかもしれな

[*1]　https://www.cube20.org/

い．だとすると，次世代に爆発的に流行するのは 4 次元に拡張したルービック・キューブなのだろうか？ VR や AR の技術が発展すると，あるいは本当に実現するのかもしれない．楽しみだ．

第11章 クロスバーパズル

■ グラフ同型性判定問題

まず図 11.1 をご覧いただきたい．ここにはいわゆる無向グラフが 3 つ描かれている．頂点が辺で結ばれたネットワーク構造だ．このうち，2 つはまったく同じ構造をしていて，1 つだけつながり方が異なっている．同じ 2 つを見つけてもらいたい．これは素朴でありながら，なかなか難しい問題だと実感できたと思う．この問題はグラフの同型性判定問題という．つまり 2 つのグラフが与えられたときに，つながりの関係が同じになるように頂点間の対応関係を求める問題だ．

計算量理論の観点からは，これは非常に重要な未解決問題として知られてい

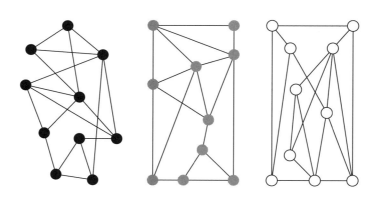

図 11.1　同じ形のネットワークはどれとどれか？

る．過去数十年，NP 完全であることも示されていなければ，多項式時間アルゴリズムも示されていない．もう少し言えば，n 個の頂点からなるネットワーク構造が 2 つ与えられたとき，対応関係が与えられれば同型性は (もちろん) 直ちに判定できるが，そんなうまい対応関係があるかどうかを判定しようとすると，効率よく判定するうまい方法があるかどうかが，いまでもわかっていない．もちろん $n!$ 通りの対応関係をすべて調べれば解けるが，もしかするともっとずっと高速に解く方法があるかもしれない．そんな状態が数十年続いている．

　この問題は n に関する多項式時間で解けると信じている研究者は少なからずいる．群論を駆使した非自明なアルゴリズムが提案され，少しずつ計算時間も改善されている．しかしこの数十年の研究にも関わらず，計算時間が n に関する多項式にまでは落ちていないし，それは難しそうだという証明もされていない．こんな基本的な問題の難しさが今でもはっきりしていないのは，いささか驚きである．

　さて，パズルとまったく関係ない話に見えるが，本番はこれからなので安心してもらいたい．

クロスバーパズル

　本書の中でさまざまなパズルを紹介してきたが，典型的なパズルは NP 完全であることが多かった．その中で状態遷移型のパズルはちょっと違っていて，PSPACE 完全なものが多く，近年になって改めて理論計算機科学の分野で注目を集めている．その一方で，マッチングパズルの中には多項式時間でぎりぎり解ける面白いパズルがあることも紹介した．ではグラフ同型性判定問題に相当するパズルは存在するのだろうか．グラフ同型性判定問題の正確な難しさは未解決であるものの，NP 完全よりも難しいことはないことはわかっている．こうした微妙な問題の難しさをうまく表現しているパズルがあるのだろうか．答えはイエスである．クロスバーパズルとか格子パズルと呼ばれるパズルがこれに該当する．

　筆者の知る限り，この形のパズルの最初のものは別宮利昭氏が 1992 年に発表したクロスバーパズルのようだ (図 11.2)．板に 3 種類のスリットが入っていて，長いスリットは短いスリットと，中くらいのスリットは同じスリット同士で組め

第 11 章 クロスバーパズル

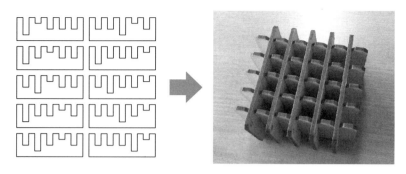

図 **11.2** 別宮利昭氏のクロスバーパズル (1992)

図 **11.3** さまざまなクロスバーパズル類

る．このパズルは数学的に美しいピース構成になっていて，5 個のスリットに長 1・短 1・中 3 と割り当てる方法は，裏返しを考慮するとこの 10 種類しかない．この 10 種類をちょうど井桁のように組み上げるのがこのパズルの目的だ．難易度がまた絶妙で，人間がやると，ほどよい難しさで楽しめる．(やったことがない読者には，ぜひ自作して試してもらいたい．)

こうした井桁に組むパズルはさまざまなバリエーションがこれまで考案された (図 11.3)．片側だけでなく両側からスリットが入っているパズルや，ゴムでできたパズルもある．実は日本の伝統的な組木細工にもこうした意匠が存在し，千

鳥格子と呼ばれている．図 11.3 の右端のように交互に組まれていて，不可能物体に見えるところがポイントである．京都の清水寺の奥の院の右隣にある「守夜叉神」には見事な千鳥格子の扉があり，筆者の秘密の観光スポットである．

さて，こうしてさまざまなクロスバーパズルを観察すると，いくつかに分類できることがわかる．具体的には，

(1) スリットは片側か両側か？

(2) スリットの深さは何種類か？

(3) 組んだときにスリット間に隙間があってもよいか？

(4) 正方形に組むのか長方形に組むのか？

といった要素があり，また例えばスリットの間隔を変えれば板の裏返しを禁止することも可能だ．ただし，これらの要素は互いに完全に独立というわけではない．例えば (1) ではスリットを両側に入れて，(3) では組んだときにスリット同士の間に隙間がなかったら，たとえ組み上がった状態が原理的に存在しても，板を動かせないのでそもそも組んだり外したりできない．(ゴムでできたパズルは，実はここにトリックがある！)

クロスバーパズルは，上記の要素をうまく組み合わせると，本質的な困難性が変化するという，非常に興味深いパズルである．特に，スリットを片側にして，スリットの深さを 2 種類にして，組んだときのスリットの隙間は許さず，長方形に組んで，板を裏返せないようにすると，グラフ同型性判定問題と本質的に同じ問題になることが証明されている [19]．これを業界用語では GI 完全問題であると言う．筆者の知る限り，GI 完全なパズルは，このパズルだけである．

さらに興味深いことに，クロスバーパズルの要素をうまく組み合わせると，NP 完全問題も作ることができる．筆者らは [19] で NP 完全になる組合せを示したが，後日他の研究者から類似の研究 [20] を教えてもらった．[20] では，[19] で解けていなかった，自然な組合せが NP 完全であることについて，非常に鮮やかな証明を与えている．

上記の結果をまとめると，与えられたクロスバーパズルに解があるかどうかを判定する問題は，いくつかの場合について，NP 完全になったり，GI 完全になったりすることがわかった．また，別の設定では多項式時間で解ける場合があることも示されている．

78　第 11 章　クロスバーパズル

■ クロスバーパズルの先にあるもの：組木やからくり

さて，筆者が個人的にとても気になっている点を指摘しておこう．

実は上記の研究はどちらも，与えられたピースに対して格子に組んだ状態が存在するかどうかという問題を扱っている．つまりその「組んだ状態」が本当に組めるかどうかという手順は気にしていないのである．実はここには大きな研究の余地が残されている．実際にパズルを遊んでみると，これがとても大きな問題であることが実感できる．例えば図 11.3 の下に，1 枚だけピースが外れているパズルが写っているが，これは撮影用に外しているわけではなく，筆者がまだ正解にたどり着けていないのだ．

クロスバーパズルでは，スリットが片側にある場合はスリットの辻褄が合えばいつでも組める．ところが両側にスリットがある場合は，単にスリットの辻褄を合わせるだけでは解けず，その先にピースを組み合わせる手順を見つけるという新たな問題が立ちはだかっているのだ．写真のパズルも，スリットの辻褄は合っているにも関わらず，最後のピースをどうにも隙間に入れることができない．これは正解に見える，デザイナーの仕掛けた落とし穴なのかもしれないし，単に筆者が組む手順を見つけられていないだけなのかもしれない．

この「組む手順」の解析は，例えばスライディングブロックパズルなどと同様，動きを扱わなければならず，非常に難しい問題なのである．筆者は，組む手順まで考慮したクロスバーパズルは PSPACE 完全なのではないかと予想している．このあたりの問題が解決すれば，クロスバーパズルは，P，GI，NP，PSPACE といった幅広い計算量クラスをカバーする，極めて珍しいパズルということになるはずだ．

また，クロスバーパズルはいろいろと「伸ばせる」余地があることも指摘しておこう．例えば井桁を多段に積んでタワーにすることが可能だ．実際，丸太を井桁に積んでいくパズルなどが考案され，市販されている (図 11.4)．一見するとそう見えないパズルも多くあるが，こうした「多段のタワーを作るパズル」の一部は，クロスバーパズルの自然な拡張になっている．

3 次元的にピースを組むことを許すと，さらに自由度が増してくる．こうした「拡張」をあまりにも進めすぎると，もはやクロスバーパズルではなく，普通の

クロスバーパズルの先にあるもの：組木やからくり　　79

図 11.4　格子パズルの単純な一般化：格子を縦に積んだパズル

図 11.5　プラスチック製の組木

組木になってしまうだろう．例えば図 11.5 の左のパズルはクロスバーパズルの拡張に見えるが，それなら中央のものもそうなるし，すると右のパズルとの違いはどうなのかとなってしまう．

　ところで組木といえば日本の伝統工芸，特に箱根地方の名産品と言えるだろう．古くは山中組木に代表される具象的な形を組み立てるもの (図 11.6) や，寄木細工を表面に貼り付けたからくり箱がよく知られていた．そして近年の「からくり箱」といえば，亀井明夫氏を筆頭にしたさまざまな「からくり箱」が有名であろう (図 11.7)．近年の「からくり箱」は，一応は箱であるものの，形状が具象的・写実的であったり，逆に単純な形状の中に動きに工夫を凝らしていたりと，一つひとつが個性的な工芸品である．これらはかなりアートよりであるため，ア

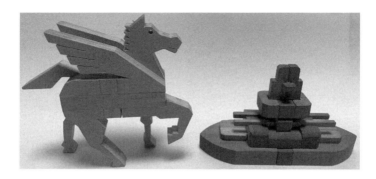

図 11.6　味わいのある造形が魅力的な組木パズルの例

図 11.7　からくり箱：ある操作をすると収納スペースが現れる．

ルゴリズムや計算量の観点からはモデル化しにくいものが多い．特に「どう動かすか？」「どこが動くのか？」という「操作手順」そのものを見つけ出すところに難しさがあるものが多いのが特徴である．

「どこがどのように動くのか？」という点が難しさの本質である組木は，数理的・算法的な困難性とは一線を画しており，別の困難性を追求していると言えるだろう．そういう意味において，一部の組木は数理的パズルとは言えない．しかし逆に，動かせるところはすぐにわかるが，3進数のカウントアップに従って正しく操作しないと開かないからくり箱なども存在する．こうしたパズルは手順が明確であり，その解き方はまさに「アルゴリズムの発見」である．本書の観点からはこうしたパズルは興味深い．ハノイの塔と似た印象を受けるパズルである．こうした組木をうまく数理モデル化すれば，いろいろな種類の計算量的な難しさ

クロスバーパズルの先にあるもの：組木やからくり　　81

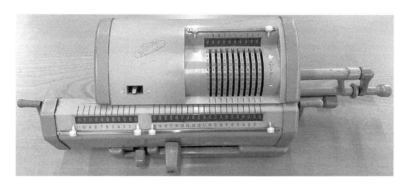

図 **11.8**　手回し式計算機：電子計算機が生まれる前の進化の行き止まりを感じさせる.

を自然に表現できるだろう.

　とはいうものの，あまりにも「計算」に機構を寄せてしまうと，それはそれで趣が削がれるかもしれない．例えば安野光雅氏の著作の中に『わが友 石頭計算機』という本があるが，ここでは木と石で計算機を作ってしまう．ここまでやることを許してしまうと，組木で「計算」を実現するのは簡単だ．もはやパズルというよりは，素材に木を用いた単なるメカニズムになってしまいそうだ．職人的な技法を極めて，例えば古 (いにしえ) の「からくり」である手回し式計算機 (図 11.8) を木で実現するといったことは，理論的にはあまり面白くはない．しかしスチーム・パンク感のある機構には，独特の魅力があるため，職人技的な意味でのロマンはありそうだ．

第 12 章 手順の必要なパッキングパズル

■ 手順の必要なパッキングパズル

　本章では，パッキングパズルの特別なものを取り上げよう．あまり定着した用語はないが，「手順が必要な箱詰めパズル」とか「箱詰め手順パズル」と呼ばれることがあるようだ．ここでは暫定的にスライド・パッキングパズルと呼ぶことにしよう．

　もともと，パッキングパズルの歴史はとても古い．容器に物をなるべく効率よく収納しようとした，その瞬間から始まったパズルなのではなかろうか．例えばタングラムなどの古典的なシルエットパズルも，シルエットが与えられた枠組みだと思えば，パッキングパズルの一種である．6 章でも述べたように，計算量理論の観点から言えば，$1 \times x$ という細長い棒状のポリオミノを，大きさ $a \times b$ という長方形に詰め込めるかどうかを判定するという，これ以上単純化しようのないくらい単純な問題でも NP 完全であることが知られている．

　スライド・パッキングパズルは，この「詰め込み」の部分に制約を加えたパズルだ．容器のどこかに穴があって，ここからしかピースが詰め込めない仕掛けになっているパズルが典型だ．少し捻った表現をすれば，スライディングブロックパズルの逆回し，例えば箱入り娘のピースを外に並べておいて，すべて詰め込んで元に戻すようなパズルだというと説明としてはわかりやすいかもしれない．

　このスライド・パッキングパズル，こうした個別の名前をつけたくなるくらい，近年になって数多くの魅力的なパズルが考案されている．これはもはや一つ

のジャンルを築いているといって良さそうに思う．このパズルの大まかな枠組みは，「与えられたケースに，与えられたピースをはみ出さないようにすべて収納せよ」というものだ．大抵のパズルは，見ただけでゴールがわかるので，そういう意味ではわかりやすく，とっつきやすいパズルに見える．しかしこれがまた，奇妙なくらい難しく，そのために魅力的なパズルが数多く生み出されている．

これには大きく分けて 3 次元のパズルと 2 次元のパズルがあり，現物を紹介した方がわかりやすそうなので，具体的なパズルをいくつか紹介しよう．

3 次元版

与えられた枠組みにピースを詰め込むという，非常に大きな捉え方をすると，どれが最初のパズルであったかを特定することは難しい．しかし，多くの人に影響を与えた初期のパズルということであれば，iwahiro こと岩沢宏和氏の ODD パズルは筆頭にあげられよう (図 12.1)．2008 年に開催された世界的なパズルのコンテストで入賞しており，多くの人にインパクトを与えた．このパズルは，O の形のピース 1 つと D の形のピース 2 つを，狭い入り口をもった四角いケース

図 **12.1** 岩沢宏和氏の ODD パズル (2008 年)

に収納せよ，というシンプルなパズルである．わずか 3 ピースでありながら，非常に難しい．一見すると到底入りそうにないが，あることに気づくと，巧妙な方法で入れることができる．詳細を説明できないのが残念であるが，このパズルの「Aha! 体験」の快感にはかなり中毒性がある．人気が高いことにも，後に続くパズルが数多く考案されたことにもうなずける．

ここ数年，こうしたパズルがかなり多く考案されている．一種のブームと言っていいかもしれない．筆者のコレクションの中から目についたものを以下にいくつか挙げてみるが，これは近年のスライド・パッキングパズルのほんのごく一部に過ぎないことをお断りしておく．

橋本泰弘氏の CARAMEL BOX と山本長徳氏の一連のパズル群 (図 12.2):
筆者などは，どうしてもプログラムで解きやすそうなパズルに注目してしまうのであるが，そういう視点で見ると，同じ大きさの立方体を単位としたピース (いわゆるポリキューブ) で構成されるパズルに心を惹かれてしまう．3 次元でポリキューブが単位になっているパズルにも，いくつも面白いものが考案されている．筆者の中ですぐに思いつくパズルが橋本泰弘氏の CARAMEL BOX と山本長徳氏の一連のパズル群だ (図 12.2)．CARAMEL BOX は 3 つのポリキューブのピースを大きさ 3×3×2 の金属製の箱に入れるパズルで，山本長徳氏のお薦めである Lucida は 5×5×5 の枠の中にたった 2 つのポリキューブを収めるパズルだ．どちらもピース数は少なく，またピースそのものも，それほど大きな体積ではない．そして最終的に収めるケースもかなりコンパクトだ．ところがこれが，見た目よりもずっとずっと難しい．箱や枠組みにピースを収めるためには，ピースを

図 **12.2** (左) 橋本泰弘氏の CARAMEL BOX (2013 年). (右) 山本長徳氏の Lucida (2016 年)

うまく組合せながら入れたり出したりしなければならず，かなり手間がかかる．

フォルカー・ラトゥセック氏の CASINO と Bastille (図 12.3): CASINO はコインを模した 6 枚の厚い円板を木の箱の中に収めるパズルである．箱の入り口が狭くて，コインのカーブをうまく活かして中でコインを移動させないとすべて詰め込むことはできない．Bastille は CASINO のピースとほとんど同じ形のピースを 4 等分したピースを 7 つ箱の中に収めるパズルである．この箱は中央に小さな穴が開いているだけで，ぎっしり詰まったピースをうまく中央に移動させないと取り出すことができない．(なお，CASINO は購入時，ピースが最初は外に出ていて，中に詰め込む体裁になっているが，Bastille の方は，最初からピースがすべてケースに入っていて，まずは取り出さないといけない．そういう意味では後者は 3 次元版スライドブロックパズルであるとも言える．)

図 **12.3** フォルカー・ラトゥセック氏の CASINO (2018 年) (左) と Bastille (2017 年) (右)

勝元甫氏の Penta in Box と Slide Packing (図 12.4): どちらも 3×3×3 の木の箱の中に，ポリキューブを収めるパズルである．Penta in Box の方は大きさ 5 のポリキューブを 5 つ，Slide Packing の方は同じく大きさ 5 のポリキューブを 4 つ箱にしまう．どちらも蓋を閉めるまでがパズルだ．これらのパズルの特徴は，どちらも最後の「箱を閉める」という操作が難しいところである．与えられ

図 12.4 勝元甫氏の Penta in Box (2016 年) (左) と Slide Packing (2016 年) (右)

たピースを 3×3×3 という箱の内寸に収まるように組むのは難しくなく，解はいくつもある．ところが，これを素直に箱に入れただけでは，どちらも蓋が閉まらないのだ．Penta in Box の方は，素直に箱に入れて蓋をしようとすると，蝶番で止められた蓋がピースの角にぶつかって閉まらない．また，Slide Packing の方は，素直に入れて箱の蓋をスライドして閉めようとすると，どうにもぶつかってしまう．どちらも，こうした衝突を回避するにはそれぞれ違った発想と工夫が必要である．ただし，一方は実は，この章のテーマである「スライド・パッキング」の枠組みから，少しはみ出している．詳細を示すとパズルのネタバレにつながりそうなので，詳しくは書かないが，こういう微妙なパズルの背後にあるアイデアと，どのようにモデル化して分類するかというのは，とても悩ましい問題なので，あえて 2 つ並べておくこととした．

三浦航一氏の Chiral 2 & 2 と 4L Basket (図 12.5)： これは，どちらも 4 ピースのポリキューブをケースの中に収めるパズルである．これまた，どちらも一見すぐ入りそうに見えるが，そのままでは素直に入らず，いろいろと工夫が必要である．あまり説明すると興ざめになるのでやめておくが，見た目よりもはるかに手間がかかる．

3 次元版 87

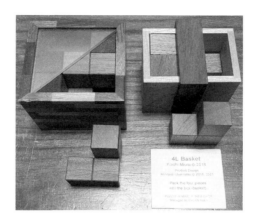

図 **12.5** 三浦航一氏の Chiral 2 & 2 (2020 年) (左) と 4L Basket (2018 年) (右)

フレデリック・ブシェ氏の MINIMA 11/12 (図 12.6): 日本在住のパズルコレクターでパズル作家でもあるフレデリック・ブシェ氏の MINIMA 11 と MINIMA 12 もこの系統のパズルである．どちらも $2 \times 2 \times 3$ の箱にポリキューブを 3 つ詰めるというパズルである．MINIMA 11 の方は，箱の中にすべてのピースを収めるというパズルであり，典型的なスライド・パッキングパズルであるが，後者の MINIMA 12 の方は，空きスペースが外から見えないようにピースを詰め込めという趣向が興味深い．ピースを出し入れできない小さな穴もあり，これがパズルをより難しいものにしている．どちらもピース数は少なく，箱の容積

図 **12.6** Frederic Boucher 氏の MINIMA 11 (2020 年) (左) と MINIMA 12 (2020 年) (右)

88　第 12 章　手順の必要なパッキングパズル

も小さいので，選択肢は少なそうに見えるのであるが，とてつもなく難しい．

　上記のパズルは，いずれも小さなケースに単純なピースを少数入れるだけのパズルであるにも関わらず，見た目よりもずっと難しいパズルが多い．従来のパッキングパズルであれば，配置さえ正しく見つけられれば，収納すること自体は自明な場合が多かった．ところがこうしたパズルは，まず正しい配置を見つけたあとに，収納する動作を見つけなければならない．特に正しそうな配置がいくつもあると，そもそもの配置が間違っているのか，あるいは詰め込む手順が間違っているのかがわからず，非常に苦悩する．ここに挙げたパズルの中には，筆者自身も，まだ解けていない (まだ解ける気がしない！) パズルがいくつか混ざっていることを白状しなければなるまい．

2 次元版

　スライド・パッキングパズルは 2 次元版も考えられる．この場合，入り口を狭くしたフレームを用意すればよい．そう考えてみると，かなりスライディングブロックパズルの逆回しに近いパズルに思える．そのためか，実際に考案されているパズルはこうした典型的なモデルからあえて少し外してあるものが多いように思う．完全な 2 次元のものはあまりなく，上から入れたり 2 層になっていたり，強いていえば 2.5 次元とでも言いたくなるようなパズルが多い．

　まずスライド・パッキングで真っ先に筆者の頭に浮かんだのが勝元甫氏の作品 Framed Jigsaw である (図 12.7)．文字通り，ジグソーパズルのピースのような形をしたピースを 16 個，4 × 4 の枠に入れるパズルである．ピースの形はジグソーパズルのようだが，実際には，どのピースの凹凸も組めるようになっている．そのため，4 × 4 に組む方法はたくさんある．問題は，大きさ 4 × 4 の枠の中央の 2 × 2 の穴のところからしかピースを入れることができないという点だ．そのため，枠に入れる順序を考えつつ，それが実行可能になるような，うまい配置を考えなければならない．つまり 4 × 4 に組む方法がたくさんあるのは，一種の罠なのである．

図 **12.7** 勝元甫氏の Framed Jigsaw (2015 年)[*1]

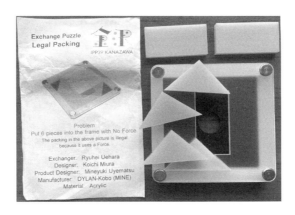

図 **12.8** 三浦航一氏の Legal Packing (2018 年)

　三浦航一氏の Legal Packing も 2.5 次元のスライド・パッキングである (図 12.8). 直角二等辺三角形のピースを 4 枚と, 1×2 の大きさの長方形のピースを 2 枚, 穴のあるケースに収納しなければならない. 穴はそれぞれのピースの大きさに合わせたものが 2 つあるが, 逆にそこからしかピースが入らないので, 必然的に中に入れたピースを回転させて詰めていかなければならない. どのような完成形にするのか配置を決めて, それを中でどうやって実現するのか計画を立てて, その上で順番に入れていかなければならず, なかなかの難物である. このパ

[*1] 著者が持っている初期バージョンには Hajima と書いてあるが, Hajime の間違い. 新しいものは直っている.

ズルは，筆者がホストとして金沢で開催した IPP39 (第 39 回 International Puzzle Party) での筆者の交換パズル[*2]でもあり，思い入れも強い．

ジャン・クロード・コンスタンティン氏が創作したボトルシップ (図 12.9) は，古典的な土産物であるボトルシップのパロディであろう．このパズルでは，まず右の小さい口からすべてのピースを取り出して，それを元に戻せばゴールだ．スライド・パッキングパズルの典型例に見えるが，ここにはちょっとした工夫がある．実はこのパズル，2 層式になっているのだ．(筆者が解いた限りでは) 2 層であることを利用しないと入らないピースがあるため，そこは完全な 2 次元版とは言えず，やはり 2.5 次元版という印象である．また，中に入れたピースを直接触れないので，操作という面での難しさもあり，そういう意味でもボトルシップっぽいところがある．

図 12.9　株式会社ハナヤマの「かつのうパズルシリーズ」の一つボトルシップ (2020 年)

計算量的な難しさ

こうしたパズルには，3 次元と 2 次元といった見た目にわかりやすい分類の他に，もうひとつの分類軸がある．ピースの動きが離散的なパズルと，連続的なパズルだ．例えば ODD パズルや CASINO は，どう見てもピースを中で回転させないと収まりそうにない．しかし CARAMEL BOX や Lucida は，ポリキューブを単位として水平・垂直方向に動かしていけば，なんとかなりそうだ．つまり，こ

[*2] IPP では参加者同士でパズルの新作を交換するイベントがある．

うしたパズルのピースの多くは，ポリオミノであったりポリキューブであったりするが，こうしたポリオミノやポリキューブを，スキマを利用して格子に沿って1単位ずつ動かしていけば収められる離散的なパズルもあれば，途中でスキマを利用してピースを回転させなければ解けないパズルも多い．こうした操作上のトリックがパズルを極めて難しくしている．ただしそれだけでは，ピース数が少ないのに難しいという特徴をうまく説明しているようには (少なくとも筆者には)思えない．

　こうしたスライド・パッキングパズルの計算量的な困難性は，筆者が知る限り，未開拓のように思われる．「スライディングブロックパズルの逆回し」であることと「スライディングブロックパズルは本質的に可逆，つまり逆回しできる」ことから，PSPACE 完全問題であることは，ほぼ間違いないと思われるが，妥当なモデルでそれを明示的に示している論文は，筆者の知る限り存在しない．ロボットの制御の文脈で，移動計画 (モーション・プランニング) という分野があり，こちらの枠組みと相性が良さそうに思うが，この文脈でパズルを扱っている研究は数えるほどしかない．このあたりはまだまだ研究が遅れていて，興味深い研究対象であろう．

蛇足：不可能物体

　筆者はスライド・パッキングパズルには計算量理論の観点からも，アルゴリズムの観点からも，新規性やポテンシャルを感じる．ところで本書をまとめるにあたって，自分のコレクションのパズルを整理しつつスライド・パッキングパズルの特徴を考えてみると，これは古典的な「不可能物体」と呼ばれるパズルの一種とかなり共通点があることに気づいた．

　具体的にはいわゆるボトルシップである．(コンスタンティン氏のパズル「ボトルシップ」は，この特徴にいち早く気づいたのであろう．このパズルを見てすら，著者はしばらく気づいていなかったので，不明を恥じる次第である．) 図12.10 の下に写っているビンが古典的なボトルシップであるが，こうした典型的なもの以外にも「ビンにモノを詰め込んだ不可能物体」にはさまざまな種類がある．(図 12.10 の上に並んだ 4 つは右から，ミャンマーのマーケットで著者が購

図 12.10 不可能物体の数々

入したビンに入った伽藍と仏像，不可能物体作家の kiyori 氏の作品，パズル作家の田守伸也氏の作品，滋賀県愛知郡で今でも作られているビンてまりである．）例えばミャンマーで筆者が購入したボトルに入った伽藍と仏像は，50年以上前の物であるという説明であったし，滋賀県のビンてまりには，かなり長い歴史がある．こうした不可能物体は，もちろん作成は可能であり，そこにはかなり巧妙なアルゴリズム的発想が必要である[*3]．

スライド・パッキングパズルには，いわば不可能を可能にするというチャレンジがあり，それが大きな達成感をもたらしてくれるのかもしれない．

[*3] 滋賀県愛知川にある「愛知川びんてまりの館」という施設 (https://www.kotousanzan.jp/search/detail.php?id=112) に行くと，「ビンてまりの作り方」というビデオを見ることができるが，これは非常におもしろい．

第13章 折り紙パズル

折るパズル

本章では「折り紙」を取り上げよう．折り紙なんて難しいのか？と思われるかもしれないが，一見簡単そうに思えても，予想外に難しい問題がある．よく知られたパズルを図 13.1 に 2 つ紹介しよう．左側は 3×3 の紙を 1×1 に折り畳むパズルで，右側は 2×4 の紙を 1×1 に折り畳むパズルである．前者は，それぞれの折り線の山折り・谷折りが指定されている．後者は，折り畳んだ後の面の順序が与えられている．どちらも折り線は図の点線に沿ったものだけである．この類のパズルの経験がない人には，これだけ見ると「それは難しいのか？」と思うかもしれない．もしそう思ったなら，ぜひとも試してもらいたい．このパズルの良

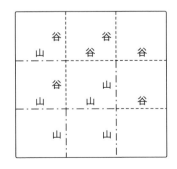
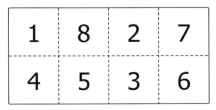

図 13.1 3×3 の紙を与えられた山谷割当てで折り畳むジャック・ジュスタン氏のパズル (左) と 2×4 の紙を与えられた面の重なり順に折り畳むデュードニー氏のパズル (右).

94　第13章　折り紙パズル

いところは，材料費も制作費もほとんどかからないところだ．どうだっただろう
か．あまりの難しさに，紙が折れる前に心が折れそうになったのではないだろう
か (もしかすると「この図は間違っているのでは？」とも思ったかもしれない).

　図 13.1 は単に折り畳むだけ (！) のパズルであるが，紙の表面にバラバラに印
刷した絵柄を，折り畳むことでうまく配置して狙った絵柄にせよというパズル
は，数多く考案されている (図 13.2)．紙での実現が簡単なため，どうしても使
い捨てになってしまうところが難点だが，布製にして何度も使えるようにしたパ
ズルもある (図 13.2 左下)．逆に使い捨てとなることを前提とすれば，こうした
パズルは雑誌の付録や，イベントで配るノベルティグッズにちょうどよいだろう
(図 13.3)．MIT のエリック・ドメイン氏によって公開されている Web 上の各種
折り紙パズル[*1] も，紙に切れ目を入れたり畳むだけでなく，立方体を作るものな
どがあり，多くのバリエーションを大いに楽しめる．

　せっかくなので筆者が考案した「市松模様を折るパズル」も紹介しておこう．
これは横長の紙にスリットを入れ，表から見ても裏から見ても市松模様になるよ
うに折るパズルだ (図 13.4)．紙の横幅は 4 cm がちょうどよい．スリットの長さ
は，12 cm がお勧めだが，慣れると 10 cm くらいでも折れる．原理的には 8 cm
より長ければ大丈夫だ．これは 2012 年 4 月に開催された「マーティン・ガード
ナーを囲む会」という国際会議で筆者が発表し，お土産として配布したものだ.
どうしてもわからないという読者には国内の折り紙の研究会で使ったヒント[*2]を
紹介しよう．記録によると，このパズルは筆者が 2011 年 9 月 16 日に大阪から東
京に向かう新幹線の中で思いついたものだ．頭の中で思いついたとき，どうにも
我慢できず車内でノートの切れ端で実際に折れることを確認して，かなり興奮し
たことを覚えている．隣の席のサラリーマンはさぞかし困惑したことだろう.

■ 折るパズルの困難性

　ここでは折るパズルの計算量理論的な困難性を紹介しよう．実は 7 章の重ねる
パズルで紹介した Kaboozle の困難性の証明の中で，こうした「折って模様を出

[*1]　http://erikdemaine.org/puzzles/

[*2]　http://www.jaist.ac.jp/~uehara/etc/origami/images/201112/joas.pdf

折るパズルの困難性　95

図 13.2　さまざまな市販の折り紙パズル

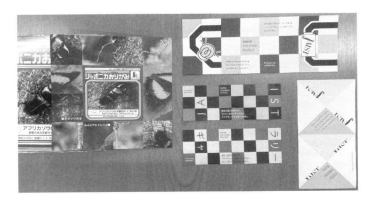

図 13.3　付録やノベルティグッズ

図 13.4　2 枚の紙から市松模様を作るパズル

すパズル」の NP 困難性も示されている．カードを数珠つなぎにしてジャバラに折り畳んで，狙った模様を出すという問題にしても難しいのだ．

　しかし，もっと素朴な折り紙の問題について，興味深い結果がいくつも知られている．計算折り紙の計算量という文脈で最も有名な結果は，マーシャル・ベルン氏とバリー・ヘイズ氏による，平坦折り問題の NP 困難性という結果だ．これは，与えられた折り紙の折り線すべてを折って，紙全体を平坦に折れるかどうかを問う問題である．この問題が NP 困難であるという結果は，彼らによって 1996 年に国際会議 SODA (Symposium on Discrete Algorithms) で発表された．(実際には，「山谷割当て」を与えるバージョンと与えないバージョンが議論されているが，どちらについても困難であることが示されている．) ちなみに，この国際会議 SODA はアルゴリズム分野でのトップ会議である．

　それから 20 年近くたって，筆者を含む研究グループでは，もっと制限された場合についても NP 困難であることを証明した [21]．具体的には，折り線が縦横，あるいは斜め 45 度に制限されている場合 (折り紙業界ではボックス・プリーツと呼ばれる折り方) を研究し，やはり NP 困難であることを証明した．余談だが，このとき元々の 1996 年のベルン氏とヘイズ氏による証明に致命的な誤りがあることに気づいたが，それは [21] では修正されている．20 年近くも誤りが気づかれなかったのは，この問題を証明することの難しさを表しているのかもしれない．

　さて，縦横斜めに折り線があると，四角い紙を平坦に折り畳めるかどうかを判定することすら難しいということがわかった．では，もっと単純で解けそうな問題はないだろうか．そう，図 13.1 に示した，縦横のみに等間隔に折り線が入った紙の折り畳みだ．大きさ $n \times m$ の長方形の紙を 1×1 に折り畳めるかどうかを

問うこの問題は「地図折り問題」と言われている．

　まず $m = 1$ のとき，つまり細長い紙を折る問題は特に「切手折り問題」と呼ばれているが，これは折り畳みについては簡単だ．山谷割当てが与えられていないときはジャバラに折ればよく，山谷割当てが与えられていたら，端から 1 つずつ折れば必ず折れる．そんなわけでパズルとしては瞬殺である．余談であるが，切手折り問題は「折り畳み方が何通りあるか？」というところが難しい．つまり，通常の「切手折り問題」とは，n 枚の切手が一列につながっているとき，これをすべて折り畳む方法は何通りあるかという問題である．この問題については今でも閉じた式はわかっておらず，指数関数による上界と下界が与えられている．(ちなみに下界は $\Omega(3.06^n)$ で上界は $O(4^n)$ である．実験的には $\Theta(3.3^n)$ であるが，正確な式はわかっていない．詳しくは [22] 5.3 節を参照のこと．)

　一般の地図折り問題では，山谷割当てが与えられていないときはもちろん自明だ．縦にジャバラに折り，横にジャバラに折ればよい．図 13.1 の右の問題のように，面の順序が与えられたときも，実はコンピュータで簡単に解くことができる．直感的には，紙の折り目部分がきちんと入れ子構造になっているかどうかを調べればよく，効率の良いアルゴリズムが知られている．難しいのは図 13.1 の左の問題のように，山谷割当てが与えられたときに，これが 1×1 に折り畳めるかどうかを問う問題である．これは難しさが今でもわかっていない．つまり，NP 完全で手に負えない問題なのかもしれないし，もしかしたら効率よく多項式時間で解くアルゴリズムがあるかもしれないという状況である．実は $2 \times n$ の場合に多項式時間で解くアルゴリズムが提案されているが，極めて複雑で，著者自身はちょっと正当性に疑問をもっている．

　そんなに難しいの？と思われた読者には，次のパズルを提供しよう：

　　　大きさ 2×5 の長方形で，それぞれの頂点では局所的に平坦に折れ
　　　るが，全体として平坦に折り畳むことができない山谷割当てを見つ
　　　けよ．

このパズルは，けっこう難しい．考え方にもよるが，こうした割当ては本質的には 2 通りしかない．このパズルを解くと，この問題がいかに難しいかがよくわかると思う．(筆者としては，自分の名前の一部の「上」という漢字が 2 箇所に現れる解答がお気に入りだ．)

折るパズルをコンピュータで解く

さて折るパズルが難しいことはわかったが，ある程度のところまでなら，コンピュータでなんとかならないだろうか．著者を含む研究グループが注目したのは図 13.5 に示したパズルである．これは，表裏が違う色の正方形の紙 (通常の折り紙だ) を用いて，図 13.5 に示した絵柄を折れというものだ．折る回数をなるべく少なくしたい．また，同じ回数なら元の紙に比べてなるべく大きい完成形の方がよい．図 13.5 に対しては，大きさ 5 × 5 の紙から 5 回折るという解が知られている．では，これは最適なのだろうか．また，これ以外のパターンについてはどうなのだろう．

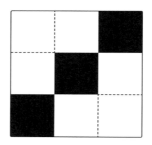

図 **13.5** 折って市松模様を作るパズル

3 × 3 のマス目を 2 色で塗り分けて，自明な 1 色のパターンや対称性から同じとみなせるものを省くと，ここには 50 種類の違うパズルがある．この中には 2 手で簡単に誰でもできるものもあれば，かなり大きな紙を用いたり，何度も折らないと作れないパターンもあり，硬軟取り混ぜたパズルの宝庫になる．この問題は日本のパズルコミュニティの一つであるパズル懇話会から提案され，1998 年に開催された「第 3 回マーティン・ガードナーを囲む会 (G4G3)」で発表され，世界に広まったようだ．その時々での最新記録については石野恵一郎氏がまとめた Web ページ[*3]があり，筆者らがチェックした 2018 年の段階では，いくつかのパターンでは最短手順が確定しておらず，実際 2017 年にも記録が更新されたばかりだった．

[*3] http://puzzlewillbeplayed.com/Origami/OrigamiCheckerboard/

この問題の難しさは，元の紙の大きさがわからないことと，どこまでの折り操作が許されるのか，必ずしも明確ではない点がある．(例えば図 13.1 の右のパズルの解法の折り方は許されるのだろうか．その場合，何回折ったと数えればよいのだろうか．) 折り操作については，上記の Web ページである程度明記されているので，それで良いとして，元の紙の大きさはどこまで広げてよいのだろうか．筆者らの研究グループでは，2018 年当時の上記 Web ページの記録更新を狙って研究を始めることとした．そこで，上記のページで用いられている最も大きい紙である 9 × 9 の正方形を最大サイズとして，4 × 4 のサイズまで，合計 6 種類の紙を用いることにした．最後は，そう，スパコンの使用である．筆者の所属する大学は複数台のスパコンが無料でいつでも自由に使えるという，ややずるい環境にあるため，このメリットをフルに活用した．結果的に，4 × 4 〜 9 × 9 の正方形の紙を (上記ページの記録の中で最長の) 6 回折るところまで全探索をした．かかった時間は 20 時間強である．これで記録更新ができればよかったのであるが，残念ながら，改善はできなかった．とはいえ，それまで知られていなかったタイ記録の別解はいくつか見つけることができた．また，上記の探索条件の元では，Web ページの記録がそれ以上改善できないことが保証できた．つまり，やや皮肉なことではあるが，2017 年の人間による記録更新が最後の更新であることを 2018 年にスパコンで確認できたというわけである．これはこれで快挙であったと言えるだろう．

とはいえ，実は筆者には今でも少し気になっていることがある．全探索を行ったと言っても，9 × 9 の大きさの紙までである．例えば 10 × 10 の紙だとどうなのだろう．あるいは 11 × 11 や 12 × 12 の紙では？ 2018 年当時のスパコンでは，ここまで探索はできなかったが，もしかすると，ここにはまだ改善の余地が残されているのかもしれない．

第 14 章
裁ち合わせパズル

■ 裁ち合わせパズル

折るパズルに続いて，本章では切るパズルを紹介しよう．これは「裁ち合わせ」と呼ばれるパズルで，与えられた多角形 P をいくつかにうまく切り分けて，それを並べ替えて，別の多角形 Q を作るというものだ (切り分けたピースは裏返してもよい)．当然だが，P から Q への裁ち合わせはすなわち Q から P への裁ち合わせでもある．この枠組でデザインされたパズルはいくつも存在する (図 14.1).

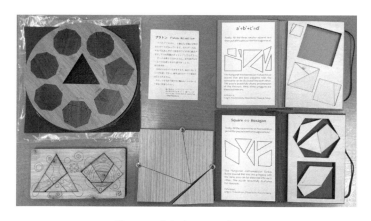

図 **14.1** 裁ち合わせパズルの例

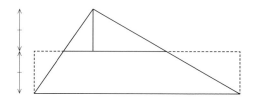

図 14.2　三角形を長方形に変形する裁ち合わせ

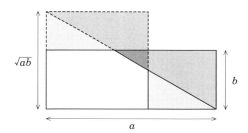

図 14.3　長方形を正方形に変形する裁ち合わせ

やや数学よりの話になるが，まず，どんな多角形 P と Q の間でも，面積が同じであれば，いつでも有限個のピースで裁ち合わせが可能となるという事実を簡単に紹介しよう．これはボヤイの定理という名前で知られていて，いくつかの事実を積み重ねることでアルゴリズム的に証明できる．(以下のアルゴリズム的な説明では，わかりやすさのために毎回切り分けては糊付けする体(てい)で説明するが，実際には糊付けはせず，すべての切り分けの和集合が裁ち合わせになる．)

まず，すべての三角形は，一番長い辺を下に置いて図 14.2 の方法で 3 ピースに分割すれば長方形に裁ち合わせできる．また，どんな長方形も有限ピースに分割して正方形にできる．これは 2 つのステップで実現する．まず，細長い長方形は長い辺の中点同士を結んだ線で半分に切って並べ直して正方形に近づける．(例えば大きさ $a \times b$ の長方形が $a \gg b$ であったとき，これで大きさ $a/2 \times 2b$ になる．) 長い方の辺が短い方の辺の 4 倍以内になるまでこれを繰り返そう．そうしたら図 14.3 の方法で正方形にできる．具体的には，大きさ $a \times b$ の長方形で $a > b$ のとき，図のように大きさ $\sqrt{ab} \times \sqrt{ab}$ の正方形を重ねて，正方形の左上と長方形の右下を線で結ぶ．その線に沿って長方形の右上の三角形を切り離し，残った部分で正方形に覆われていない右下の三角形を切り離す．あとの並べ替えは自明

102　第 14 章　裁ち合わせパズル

だろう．裁ち合わせの操作はどれも逆回しできることから，どんな正方形も任意の幅をもつ長方形にできることに注意しよう．つまり，同じ面積をもつ 2 つの長方形は (同じ面積をもつ正方形を経由して) 裁ち合わせできる．

　さて，上記のアルゴリズムを使って多角形 P を多角形 Q にする裁ち合わせを考える．まず多角形 P を複数の三角形に分割する．これは，凸になっている頂点をうまく 1 つ選んで，その両隣の頂点を結ぶ線で順に切り離していけばよい．(あまり自明ではないが，この操作は，どんな多角形にも適用できて，うまく三角形を 1 つ切り離すことができる．) これらの三角形を上記の方法ですべて幅の等しい長方形にして積み上げる．すると，P はその幅をもつ 1 つの長方形に裁ち合わせできる．同様の方法で Q も同じ幅をもつ長方形にできるので，P から長方形にする操作と，Q から長方形にする操作の逆手順を連結すれば，P から Q に変形する裁ち合わせを得る[*1]．

　どんな多角形 P と Q の間であっても裁ち合わせができるとなると，当然，なるべくピース数の少ない巧妙な裁ち合わせを見つけたくなる．そうすると，具体的なターゲットを絞って考えていく必要があるだろう．図 14.1 に見られるように，特に正多角形の間の裁ち合わせが人気があるようだ．

■ デュードニー氏の裁ち合わせパズル

　裁ち合わせパズルの中で最も有名なものは，デュードニー氏による，正三角形と正方形の裁ち合わせパズルだろう (図 14.1 の左下)．これは有名なパズルの本『カンタベリー・パズル』[3] の 26 問目として出題されている (図 14.4)．この裁ち合わせの線分の作図は少しやっかいで，マーティン・ガードナー氏の全集の中でも詳しく議論されている．デュードニー氏はこの (見た目よりも手強い) 分割方法を，どうやって思いついたのだろう．そこはわからないが，この 4 ピースの解は改善できないだろうか．つまり，3 ピース以下では正三角形と正方形の裁ち合わせはできないのであろうか．これは実は未解決問題である．

　まず，2 ピースでは不可能だという単純で美しい証明を紹介しよう．これは簡

[*1]　余談だが，3 次元の場合，こうしたうまい方法は存在しない (デーンの定理)．例えば具体的に立方体と正 4 面体の間では裁ち合わせができないことが知られている．

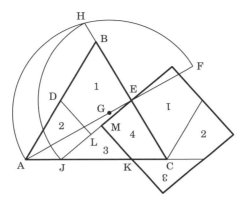

図 14.4 正方形を正三角形に変形する裁ち合わせ

単に説明できて，次の通りだ．まず正三角形を適当に 2 ピースに分割したと考える．このとき，どう分割しても，2 片のうちの一方は元の正三角形の 1 辺をすべて含む．ところがこの正三角形の 1 辺の長さを計算してみると，同じ面積の正方形の対角線よりも長いことが確認できる．したがって正三角形をどのように 2 ピースに分割しても，これを並べ替えて同じ面積の正方形の中に収めることはできず，当然裁ち合わせはできない．

ここから先は，いくつかの断片的な事実しかわかっていない．例えば正三角形から正方形でない長方形への裁ち合わせは簡単である．図 14.2 の方法で 3 ピースでもできるが，正三角形を半分に折って切って並べ替えれば 2 ピースでも長方形にできる．したがって長さを無視した議論では，3 ピースではできないという証明にはたどり着けない．

もちろん，正三角形と正方形の間の 3 ピースの裁ち合わせが存在する可能性も残されている．この未解決問題に関連して，濵中裕明氏が 2017 年 3 月に Facebook で提案したパズルがとても興味深い．それはこんなパズルだ：

正方形を 3 つに分割して，並べ替えて，穴のある正三角形を作れ．
ただし，穴は 1 つだけで，正三角形の外周に接していてはいけない．

そう，一方に穴を許せば，3 ピースで正方形から正三角形に裁ち合わせできるのだ．このパズルはとても魅力的なので，ぜひ読者にも考えてもらいたい．難しす

ぎず，やさしすぎず，面白いパズルである．どうしても解けない読者に (無粋な) ヒントを出せば，筆者の得た解では，穴は正三角形で，穴の大きさや角度は変えられないが，穴の位置は自由に変えられる．この魅力的なパズル，読者には解けるだろうか．

デュードニー氏の 4 ピースの裁ち合わせを眺めていると，とても 3 ピースに改善できる気がしない．しかし，この 3 ピースによる穴あき正三角形と正方形の裁ち合わせを眺めていると，ひょっとすると … という気もしてくる．なんとも悩ましいパズルである．

■ 一般的な場合の技法

さて裁ち合わせは魅力的な題材なようで，多くのパズルが提案されている．多くのパズルが考案される理由の一つは，「これ以上改善できない」という証明がほとんどできないことではなかろうか．現在知られている裁ち合わせで，これ以上ピースを減らせないという非自明な証明がきちんとできている例を筆者は知らない．上記のデュードニーの古典中の古典であっても，もしかしたら改善の余地が残されているかもしれないのだ．ましてや一般の裁ち合わせについては「こうすればできた」という発見の積み重ねがほとんどである．

その中で一般論を研究してきた著名な研究者が 2 人いる．ハリー・リングレン氏とグレッグ・フレデリクソン氏である．リングレン氏は 1960 年代にこうした分割を深く研究し，"Geometric Dissections" という名著を出している．その後フレデリクソン氏と共同で研究をはじめて，リングレン氏亡き今ではフレデリクソン氏の独壇場といえる．フレデリクソン氏の著作のうち，特に文献 [23] は網羅的で詳しい．同書の中からわかりやすい一般的な技法を一つ紹介しよう．多角形 P と多角形 Q がどちらもタイリング (平面への隙間のない敷き詰め) できるとき，これらの面積をうまく合わせて重ね合わせることで，比較的ピース数の少ない裁ち合わせのパターンが得られる (図 14.5)．

ただ，ピース数の極めて少ない裁ち合わせの多くは，試行錯誤によって得られているのが現状のようだ．例えばギャビン・テオバルド氏が管理している Web サイト (http://www.gavin-theobald.uk/Index.html) には，印象的な裁ち合わせ

一般的な場合の技法　105

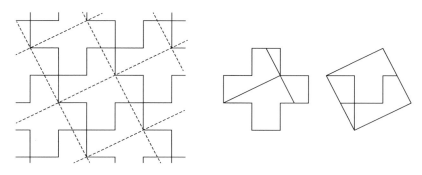

図 14.5　タイリングで正方形とクロスの間の裁ち合わせを作る

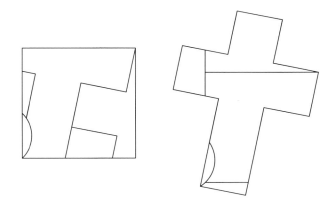

図 14.6　正方形をラテンクロスに変形する 5 ピースの裁ち合わせ[*2]

が数多く紹介されているが，どうみても職人技の結晶である．実際に切り出してみれば魅力的なパズルができあがるだろう．この Web サイトに掲載されていて，2022 年に日本のパズルソサエティの一部で話題になったパターンを図 14.6 に紹介しよう．これにはなんと円弧がある．しかもこの円弧，どうしても円弧でなければうまくいかない絶妙な働きを見せている．(ぜひ切り抜いて試してみてもらいたい．) こうした例は (筆者の調べた限り) フレデリクソン氏の本にも載っておらず，著者も初めて見たときには驚愕した．後日，テオバルド氏に確認したと

[*2]　http://www.gavin-theobald.uk/Index.html より http://www.gavin-theobald.uk/HTML/LargeImages/4-L.pdf を転載．

ころ，本人の作であるとのことであった．改めて，裁ち合わせについては，まだまだわかっていないことが多いと痛感した次第だ．

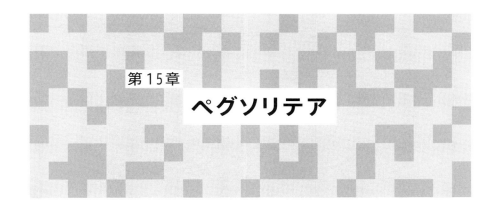

第15章 ペグソリテア

■ ペグソリテア

本章ではペグソリテアを取り上げる．マーティン・ガードナー氏の本によると19世紀には，すでにフランスで流行していたようだから，相当に息の長いパズルであり，ご存知の読者も多いと思う．また筆者個人にとって，かなり思い入れのあるパズルでもある．まずは筆者の個人的な思い出話からお付き合い願いたい．

■ ペグソリテアの思い出：その1

40年以上前の話になるが，アメリカ帰りの親戚の叔父さんがまだ小学生だった筆者にアメリカ土産としてパズルをくれた．これが Hi-Q とも呼ばれるペグソリテアだった(図 15.1 の左上のものがその現物である)．ペグソリテアのルールは簡単である(図 15.2)．空いているところにペグをジャンプさせて，飛び越されたペグを取り除く．飛び越せるのは一つだけで，斜めのジャンプは許されない．図 15.1 の初期配置からジャンプを繰り返し，最後に一つだけ残れば成功だ．当時小学生だった筆者は，このパズルに夢中になり，かなり手が読めるようになった．

■ ペグソリテアの思い出：その2

大学生のとき，研究室の指導教員の笠井琢美氏と，非常勤講師として講義に来ていた岩田茂樹氏が熱心に議論しているところに偶然出くわした．このときに二

第 15 章 ペグソリテア

図 **15.1** いくつかのペグソリテア

図 **15.2** ペグソリテアのルール：縦か横に一つ飛び越えて一つ取り除く

人が議論していたのがペグソリテアの困難性の証明に関してであった．二人が議論しているペグソリテアの配置を見て，横で話を聞いていてどうにもたまらず口出しし，その結果，筆者にとって初めて学術論文が生まれることとなった [24]．

この論文は，一般化したペグソリテアが NP 完全であるという結果を示したものである．論文での証明はハミルトン閉路問題からの帰着によるが，グラフの中の分岐をペグソリテアで表現する部分で，筆者の特技が大いに役に立った．ペンシルパズルの章 (3 章) で紹介した考え方で言えば，ペグソリテアは次にどのペグをどの方向にジャンプするかという選択肢があり，そして 1 手進めるとペグが一つ減るという特徴がある．今にして思えば典型的な NP 完全問題であるといえる．しかし当時はまだ「具体的なパズルの計算量」についての研究が多くなかったこともあり，いまだに著者の「もっとも引用の多い論文ベスト 5」に入り続けている．

ともあれ理論的にはペグソリテアは「コンピュータを用いても手に負えない難問」であることが証明された．しかし筆者は，当時の人工知能 (1990 年頃，第五世代コンピュータという言葉が流行っていた時代である) にちょっと凝っていたので，このペグソリテアをコンピュータで実際に解くことについても熱心に取り組んだ．当時の最先端のパソコンをハードウェアレベルで改造して，発見的手法を駆使して，かなり頑張ったことを覚えている．(念のために書いておくと，16 ビット CPU に 640 キロバイトもの大容量メモリを搭載したマシンに対して，さらにメモリを 1 メガバイトも増強し，10 MHz の CPU をクロックアップした覚えがある．) そのマシンの上に，当時としてはかなり技巧的なアルゴリズムを開発・実装して実行した．

アルゴリズムの中で興味深いのは，ペグソリテアの「可逆性」の活用である．実はペグソリテアでは，スタートからゴールまでの手順が与えられたとき，ペグの有無を反転して解をゴールからスタートに向けて逆に辿ると，それもパズルのルールに合致している．つまり，一つの解が得られたら，それを反転して逆に辿ると，もう一つの解を生成できるのだ．当時の筆者はこれを使って，探索の深さを半減した．つまり，まず巨大な表を作り，そこに 15 手目まで探索して到達できる盤面を可能な限りたくさん生成する．その中の盤面を一つ取り出して，16 手目の盤面 A を生成する．そして，この 16 手目の盤面のペグの有無を反転し，15 手目の盤面の大きな表の中に一致する盤面 $\bar{A}$ がないか探す．もし一致するものがあれば，この「1 手目から 16 手目の A までの手順」と「1 手目から 15 手目の $\bar{A}$ までの手順を反転して逆に辿った手順」をつなげば，解を一つ生成できる．これは今でいうところの双方向の探索，つまりスタートからの探索と，ゴールからの探索を同時に行っていることに対応する．こうした指数関数的に増加する盤面の探索において，探索の深さを半分にできるということは劇的な改善をもたらす．今考えても，なかなか巧妙なアイデアである．

人工知能的な手法としては，探索するときに解のありそうな手を優先的に探索するという技法も標準的に使われる．この場合は「解がありそう」という評価をどう行うかがポイントとなる．これについても，自分のパズルの感覚をうまく定式化した評価関数を考案し，効率的な探索が可能になった．こうしたアイデアや技法を駆使して，高性能な改造マシンで半月ほど探索を行った結果，複数の解を

110　第 15 章　ペグソリテア

見つけることに成功した．しかし「複数」と言っても，数十個程度が限界であった．当時の著者の修士論文では，「ペグソリテアの解をすべて見つけることは不可能である」とはっきり断言している．指数関数的に存在するであろう解をすべて求めることなど，当時のレベルでは考えられなかった．

■ 過去の精算

　そして約 30 年が経過した．今やパソコンの CPU も 64 ビット以上が当たり前になり，テラバイトのメモリも現実的に使うことができる．また筆者が所属する大学には，学内関係者なら誰でもいつでも無料で自由に使えるスパコンが 3 台もある．筆者はある日，スパコンの仕様を眺めていて，ふとあることに気づいた．スパコンレベルのメモリがあれば，図 15.1 のペグソリテアくらいなら，初期配置から遷移可能なすべての状態をメモリに展開して記憶できるのではなかろうか．

　図 15.1 のペグソリテアは 33 個の穴があり，32 個のペグがある．初期配置を 0 手目だと思うと，1 手でペグが一つ減るので，ペグの個数と手番のパリティは一致する．そのことを利用すると，ペグソリテアの k 手目の盤面は，32 ビットで表現できる．つまり 32 ビット幅のメモリがあれば，ペグソリテアの盤面をそのままアドレスとして使用できる．16 ビット CPU の時代から見ると考えられないが，これが現代だ．

　つまりこういうことだ．盤面を走査して，初期盤面を 1111 1111 1111 1111 0111 1111 1111 1111 (16 個の 1 と 1 個の 0 と 15 個の 1 なので $1^{16}01^{15}$ と書こう) と表したとしよう．ペグのあるところが 1 で，穴が 0 だ．最後の欠けているビットが 1 であることは，手番から計算すればわかる．1 手進めると例えば 1111 1111 1111 1100 1111 1111 1111 1111 ($1^{14}0^21^{16}$) という盤面が得られる．これを 32 ビットの 2 進数だと思って解釈して，メモリ中の配列 S に展開する．第 i 手目の盤面を配列 S_i に蓄えるとすると，例えば 0 手目の盤面は $S_0[1^{16}01^{15}] = 1$ でそれ以外の場所 i は $S_0[i] = 0$ とする．ここから 1 手進んだ盤面 $1^{14}0^21^{16}$ を計算したら，$S_1[1^{14}0^21^{16}] = 1$ とする．以下，それぞれの $i = 0, 1, \cdots$ について，$S_i[x] = 1$ である x を盤面だと思って解釈して，着手できる手を進めて次の盤面 x' を計算し，$S_{i+1}[x'] = 1$ とすればよい．

一見複雑に見えるかもしれないが，使っているアイデアは実に単純だ．アルゴリズムの分野でハッシュと呼ばれる技法や，バケットソートと呼ばれるソートアルゴリズムで使うアイデアと似ているが，もっとずっと素朴なアイデアだ．アルゴリズムは単純だが，現実的な問題が2つある．まず膨大なメモリが必要だ．そして値1が入っているメモリ上の位置を素早くすべて見つけ出すハードウェアのパフォーマンスも必要だ．前者はスパコンなら楽勝だ．では後者はどうだろう．これはやってみなければ何とも予想し難い．しかしプログラムはかなり単純なので，プログラマならぬアマグラマの筆者でも半日もあれば書けそうだ．筆者はダメもとでプログラムを書き，スパコンで軽い気持ちで実行してみた．すると驚いたことに，わずか90秒ほどですべての解を生成することができた．図15.1左上の古典的なペグソリテアの解の個数は全部で 40,861,647,040,079,968 個だ[*1]．筆者がこれを実行したのは2015年であったが，この数を手がかりに検索して調べてみると，解の総数は2009年ごろまでわかっていなかったようだ．残念ながら少し出遅れた．

こうして30年と半日と90秒の時を経て，自分の修士論文の結果を否定することとなった．

未来に向けて

その後，せっかくすべてのパターンを解析できるようになったので，5×7の長方形の配置から生成できるパターンをすべて列挙し，その中から文字に見えるものを選んだ「ペグソリテアフォント」をデザインした．意外と評判がよく，本学 (北陸先端科学技術大学院大学，JAIST) の新型のスパコンのフロントパネルのデザインにも採用された (図15.3)[*2]．

さて大きさ33の盤面のペグソリテアは，2015年のスパコンで半日プログラミングすれば，90秒で完全に解けることがわかった．しかしこれはある意味で「たまたま運がよかった」のであった．このペグソリテアよりもはるかに難しいペグ

[*1] 実は解の個数を求めるには，もう一工夫必要だ．説明の中では簡単のために $S_i[x] = 1$ ならば盤面 x に到達可能としたが，到達可能性を表す数1の代わりに，その盤面に到達できる手順の個数を覚えておけば良い．これも今のスパコンであれば，桁が溢れるほどの大きな数にはならない．

[*2] https://www.jaist.ac.jp/whatsnew/press/2021/04/07-1.html

第 15 章 ペグソリテア

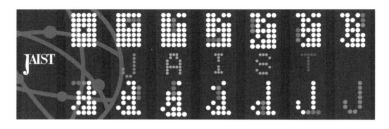

図 15.3　JAIST のスパコンのフロントパネルデザイン

ソリテアが Fourty One という名前で市販されている (図 15.1 右下). 大きさ 33 の盤面の周囲に穴を 8 個増やして盤面の大きさを 41 に拡張したものだ. わずか 8 手増えただけのように思えるが, これは人間が遊んでみると極めて難しい. 筆者の修士論文ではかろうじて解を一つ見つけることができ, 近年ではこのパズルの解の総数も知られている. しかし上記の素朴なプログラムをそのまま 41 に拡張しても, おいそれとは解けないし, 実際に人間が遊んでみても, 大きさ 33 の盤面とは比較にならないくらい難しい. やはり指数関数的に難しくなる問題は恐ろしい.「理論的には手に負えない」という証明は, 依然として正しい.

ともあれ, 歴史的に多くの人に親しまれている盤面の大きさは 33 であり, 盤面の大きさが 41 になると比較にならないくらい知名度が下がる. おそらく前者はほどよい難しさで, 後者は難しすぎるのだろう. その一方, 大きさ 33 だとスパコンを使えば簡単に解けるが, 41 だと依然として指数関数の壁に阻まれる. こうした現象は, 非常に興味深い. 人間にとって楽しめる「ほどよい難しさ」と, 今のスパコンで簡単に扱える問題の規模には, 相関があるのかもしれない. パズルの「楽しさの指標」は, ことによるとスパコンで測れるのかもしれない. それは読者の皆さんにとって, ユートピアだろうか, それともデストピアだろうか.

第16章 パズルソルバ

■ コンピュータで解く：さまざまなソルバ

　本書では，パズルの難しさを比較的理論寄りに考えてきた．あるパズルに効率的な解法があれば，盤面を大きくしてもコンピュータで解くことができるし，そうした解法がないときには，少し盤面を大きくしただけでも指数関数爆発が起きてしまって，たとえスーパーコンピュータを用いても現実的には解くことができない．しかし解法がないことを示すのは一般に難しく，例えば $P \neq NP$ 予想などを拠り所にしている．これが従来の考え方であり，それ自体は間違ってはいない．しかし昨今，コンピュータ・サイエンスが発展してきたことにより，指数関数爆発を抑え込むことができるようになってきた．これはハードウェアの性能向上による恩恵だと思われるかもしれないが，それは違う．筆者が講演会で聞いた話によると，ある問題 (整数計画問題) を解く速度は過去 20 年間で 10,000,000,000 倍近く高速化されたが，そのうちハードウェアの進歩による高速化は 2,000 倍で，ソフトウェアの進歩による高速化は 475,000 倍であったとのことだ．ソフトウェアの進歩とはすなわちアルゴリズムの進歩に他ならない．ともあれ，こうした進歩の結果，驚くほど困難な問題に対する解が得られることがある．筆者が最近経験した具体例を 2 つ紹介しよう．

　まず次のパズルを考える．立方体を辺に沿って切って得られる展開図は 11 種類ある．これらの裏表を区別すると 20 種類の異なる展開図が得られる．単位正方形の面積を 1 とすると，これらの面積の合計は 120 である．面積 120 という

第 16 章 パズルソルバ

図 16.1 単位立方体の異なる展開図 20 枚で大きな立方体を覆うことができる.

のは，大きさ $2\sqrt{5} \times 2\sqrt{5} \times 2\sqrt{5}$ の立方体の表面積と同じである．ではこの 20 枚の展開図で大きな立方体の表面をぴったり覆えるだろうか．このパズルは折り紙作家の前川淳氏が，ある研究集会で筆者に出題したものであるが，数年間，解があるかどうかもわからなかった．しかし，ある方法で解を見つけることができた（図 16.1）．

次の例に移ろう．ある多角形を分割して，互いに合同で，かつ元の多角形と相似な多角形に分割できるとき，これをレプ・タイルと呼ぶ．正方形を 6 つつないで得られる J 型の図形 (6 オミノ) はレプ・タイルであるが，これまでは「これを 2 つ合わせて得られる長方形 を敷き詰める」という方法による分割しか知られていなかった．ではそれ以外の分割方法は存在するだろうか．筆者は「それ以外に存在しない」と予想していたのだが最近反例が見つかった (図 16.2).

どちらも，図をよく吟味すれば求める解になっていることがわかる．しかし自分で発見しようとすると，絶望的な気分になるのではなかろうか．これらの解はコンピュータを用いて筆者らの研究グループが最近見つけた「新種」である（詳しくは文献 [25] と [26] を参照してもらいたい）．「コンピュータを用いた」と聞くと，専用のアルゴリズムを考案し，それをプログラミングしたと思われたかもしれないが，実はそうではない．ある種の汎用ソルバを駆使して，プログラミン

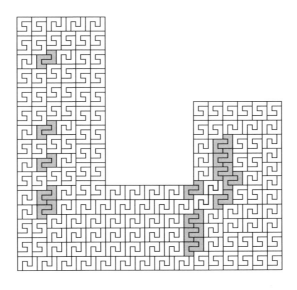

図 **16.2** J 型 6 オミノのレプ・タイルで長方形以外の分割を含む最小の例

グせずに見つけたのである．筆者はアルゴリズムの研究者であるが，正直に言えば，これらの問題に対して自分でアルゴリズムを考案してプログラミングをしても，解けるかどうか，いささか心もとない．本章では「コンピュータを用いてパズルを解く」ことについて考えてみよう．まず，上記の解を得るために使ったソルバたちを簡単に紹介する (技術的な詳細は [26] に記したので，興味のある読者は，そちらに挑戦してもらいたい)．

まずパズルに特化したソルバがある．昨今のパズルデザイナーは，フリーのパズルソルバである BurrTools を使っている人が多い．BurrTools はパズルに特化したソフトウェアであり，パズルのピースをそのまま入力してコンピュータに解かせることができる．BurrTools の求解アルゴリズムの詳細は公開されていないが，かのドナルド・E・クヌース氏が提唱している dancing link と呼ばれるデータ構造を内部で用いている．クヌース氏の名著の中でも dancing link を扱った巻 [27] があり，この中にはパズルへの応用がたくさん掲載されている．普通にバックトラックを用いたアルゴリズムを実装して効率を追求していくと，こうした方法にたどり着くと思われる．ところが驚いたことに，この素直なアプローチは以下で示す他の 2 つの方法に比べて桁違いに遅い．

116 第 16 章 パズルソルバ

　次に線形計画問題の汎用ソルバを用いたアプローチだ．線形計画問題では，いくつかの変数が満たすべき線形式を並べたものが入力となる．これは変数の値として実数を許せばなんとか多項式時間で解けるが，整数に限定した途端に NP 完全問題となり，理論的には手に負えない．整数計画問題のソルバは生産計画をたてるときなどに使われるソフトウェアであり，ユーザがとてつもなく多く，競争の激しい分野である．高性能なフリーソフトウェアもある一方で，数十万円で売っているパッケージもある．1980 年代にアルゴリズム特許を申請して物議をかもした「カーマーカー法」が，線形計画問題を多項式時間で解くアルゴリズムであった．ともあれ，整数計画問題に対する汎用ソルバは，与えられた制約をすべて満たす変数の整数割当を見つけ出してくれるプログラムだ．数十年に渡る厳しい開発競争とユーザ人口の多さのためか，かなり大規模な問題も現実的な時間で解ける．

　最後が SAT 系ソルバを用いたアプローチだ．これは充足可能性問題 SAT のソルバである．いくつかの論理変数を使った命題論理式 (AND，OR，NOT などを組合せた論理式) が与えられたときに，この論理式を充足する変数の真偽値割当が存在するかどうかを判定する問題だ．歴史的に見ても，SAT は初めて NP 完全性が示された問題であり，いわば NP 完全問題の親玉である．この SAT の問題をなるべく高速に解くというテーマは，整数計画ほどではないものの，脈々と研究されてきた．ソサエティ内でしばしばコンペが開催され，互いに切磋琢磨してきた歴史がある．特に興味深いのは，コンペの参加条件として「ソフトウェアの公開」があり，誰でも，その時点で最強のプログラムを入手できる．そのため，非常に強力なフリーのソフトウェアがしのぎを削っている．

　ここで強調しておきたいのは，整数計画問題も充足可能性問題も，どちらも NP 完全問題であるということだ．つまり理論的な観点からは，最悪の場合には変数の個数に対して指数関数的に実行時間が増加するはずである．ところが驚いたことに，例えば変数の個数が万単位であっても，解けるときは解ける．最悪の場合をうまく回避して，指数関数爆発を抑え込む工夫が功を奏しているのだ．このように，整数計画問題や SAT 系のソルバを用いたアプローチにより，これまでは手が出ないと思われていた規模のパズルまで現実的な時間で解けるようになってきた．汎用ソルバであるにも関わらず，パズルに特化したソフトウェアで

ある BurrTools が，まったく歯が立たない驚きの性能差である．もちろん大雑把に言ってしまえばソフトウェアの発展による高性能化なのではあるが，実は [26] の著者たちの間でも，これらのソルバ間の性能差の詳細については，あまりわかっていない．本稿ではその謎には迫らないが，大変に興味深い現象である．

■ そもそも算法とは何だったのか

　本書では，何度も「アルゴリズム」という言葉が出てきた．算法，すなわちアルゴリズムとは，問題を解決する方法や手順のことだ．こうした方法は，基本となる演算に何を許すかという約束事の上に成立している．例えば n 個の数を大きい順に並べ替えるソートは，一般に $n \log n$ に比例する時間がかかることが知られている．しかし，乾燥したスパゲティを用意して，数値に合わせた長さに切って手に握り，長い方から順に抜き出して並べれば n に比例した時間で並べられる．また，平面上に与えられた n 点からなる点集合を包含する最小面積の凸多角形を凸包といい，やはり $n \log n$ に比例する時間のアルゴリズムが知られているが，これも n に比例する時間をかけて板に釘を打ち付けて，輪ゴムをかければ一瞬で求められる．

　普段私たちが「アルゴリズム」というときは，チューリング機械といった計算モデルや，C 言語などのいわゆる手続き型のプログラミング言語を暗に想定していることが多い．上記のスパゲティによるソートや輪ゴムによる凸包の計算は，こうした暗黙の了解である「基本演算」そのものを変えてしまうという方法論だ．これはアルゴリズムの教科書的には邪道である．しかし視点を変えれば，上記の各種ソルバは，ある意味でこうした基本演算そのものを変えてしまう方法とも見なせる．ある種のパズルは整数計画あるいは SAT の枠組と相性が良く，これらのソルバの記述方法を使って，解のもつべき性質を簡単に記述できる．これは，まったく違った基本演算の上で，パズルの解をどのように表現するかという別の問題になり，パズルに対して直接的に手続き型のアルゴリズムを考案する従来の方法とはまったく違ったアプローチになっている[*1]．ここには従来とは違っ

[*1]　実際，ある種のソルバは歴史的には，Prolog など，手続き型のプログラミング言語ではない別系統のプログラミング言語の方法論を引き継いで作られている．

たパズルの楽しみがたくさん隠れている．パズルの解法は一つではなく，それを
解くためのアプローチもまた一つではない．量子コンピュータが一般化すれば，
それに応じた解法をまた考えることになるのだろう．さまざまなパズルの困難性
の研究とコンピュータ・サイエンスの発展とは，果実と根のような関係で，丈夫
な根からはおいしい果実が採れるし，おいしい果実を育てるには，さまざまな創
意工夫と楽しみが隠れているのだ．研究の種は尽きない．

第17章 コンウェイのライフ・ゲームと計算不能性

■ 計算不能なパズルとコンウェイのライフ・ゲーム

　最後の最後に「算法のないパズル」つまり「解けないパズル」を紹介しよう．計算量の理論よりもさらに高いレベルに計算の理論という分野がある．計算量の理論では，原理的に解ける問題に対して，それを解く計算に必要な資源 (計算時間や計算領域) の量を追求する学問である．計算量が大きい問題は難しくて，計算量が小さい問題は容易だと考えるわけである．一方，計算の理論では，そもそも計算できるのかというより根源的なところを追求する．この分野では，停止性判定問題 HALT が非常に有名な問題であるが，これはとびっきりのパズルだ．

　これをプログラミングの問題として紹介してみよう．まず，あなたの好きなプログラミング言語をイメージしてほしい．C 言語でも Python でも，なんでもよい．あなたはプログラマだ．上司のデバッグを手伝うため，簡単なデバッガを作ることを求められている．具体的には「プログラム P と，P への入力 x が与えられたとき，P に x を入力すると，停止するかどうかを判定するプログラム H」を作りたい．これは可能だろうか．これが停止性判定問題 HALT だ．

　では仮に，この万能デバッガ H が存在したとしよう．するとあなたの好きなプログラミング言語で書いたプログラム H のコード h が書けるはずだ．この H のプログラムコード h を利用して，あなたは謎プログラム X を書くことにする．謎プログラム X は，文字列 w を入力として受け取って，次の計算をするプログラムだ：

120　第 17 章　コンウェイのライフ・ゲームと計算不能性

（1）まず，w が「入力を 1 つ受け付けるプログラムのコード」かどうかをチェックする．そうしたプログラムコードでなかったら X は「正しい入力ではない」と出力して停止する．正しいプログラムコードだったら，これをプログラム W と呼ぼう．

（2）プログラム W に文字列 w そのものを入力して，プログラム W が停止するかどうかをプログラム H でチェックする．

（3）もし H が停止すると判定したとき，プログラム X は無限ループに陥ることにしよう．一方 H が停止しないと判定したとき，プログラム X は「停止しない」と出力して停止しよう．

上記の謎プログラム X を作ろうとすると，(1) ではプログラミング言語の文法チェックが必要だ．また (2) ではプログラム W やプログラム H の計算をシミュレーションする必要がある．これらはどちらも通常のプログラミング言語であれば，がんばればなんとかなりそうだ．効率を考えなければ，(1) は普通のプログラミング言語なら，必ずチェックしているし，昨今のいわゆるシミュレータと呼ばれるソフトウェアを使えば (2) も原理的には実現できるはずだ．

さて，この 2 つを「なんとかなりそうだ」と受け入れてもらえたら，あなたには謎プログラム X が書ける．そのプログラムコードを x としよう．このとき，プログラム X にプログラムコード x を入力として与えてみよう．このプログラム X は停止するだろうか，それとも無限ループになるだろうか．

このパズルをじっくりと悩んでいただいたところで答を教えてしまうと，プログラム X は，停止すると仮定しても，無限ループになると仮定しても，どちらも矛盾が生じる．どこが悪かったかというと，万能デバッガ H が存在するという仮定が間違っているのだ．つまり，上司の期待を裏切って申し訳ないが，万能デバッガ H は存在しない．

これでなぜ万能デバッガが存在しないことが証明できているのか，なかなか納得できない方も多いと思う．これは実は非可算無限と可算無限の違いを証明する対角線論法が背後に隠れているのだ．プログラムコードというのは文字列で書けるので，結局のところ，可算無限個しか存在しない．つまり「順序付け」できる．別の言い方をすれば，「コンピュータで計算できる関数」という集合の要素

は，プログラミング言語を固定すると，(辞書式順序で) 小さい順に並べることができるのだ．一方「関数」は並べることができない．上記の謎プログラム X が計算している関数は，コンピュータが計算できる関数を辞書式順序で並べて，その対角線上の振る舞いを反転して作っている．対角線論法をご存知ない方には，かなり悩ましい議論だと思うが，筆者も得心できるまでにずいぶんと長く時間がかかったので，そこは時間をかけてでも悩む価値のあるパズルだと思う．

コンウェイのライフ・ゲーム

さて，話が急に変わるようだが，読者はコンウェイのライフ・ゲームをご存知だろうか．これはゲームと名前がついているものの，通常連想するゲームとはちょっと違う．筆者は 2 人以上でプレイするのがゲーム，1 人でプレイするのがパズルだと思っているが，ライフ・ゲームは 0 人ゲームと言われることもあり，そういう意味では，パズルですらないかもしれない．

ライフ・ゲームは，1970 年に著名な数学者ジョン・H・コンウェイ氏が提案した，いわゆる「セル・オートマトン」と呼ばれるモデルの一つだ．ルールは非常に単純だ．まず，盤面は無限の広さをもつ格子である．端のない碁盤を想像してもらうといいだろう．最初に盤面上のマスに，いくつかの「ライフ」を適当に配置する．ライフは，一つのマスには一つしか置けない．そうしたらゲームのスタートだ．この盤面全体には共通の時間が流れていて，世代交代が一斉に行われる．世代交代は次の規則で行われる．ライフは，自分の周囲の 8 つのマスのうち，1 つ以下または 4 つ以上がライフで埋まっていると，過疎あるいは過密のため，次の世代には死んでしまう．一方，空きマスは，周囲の 8 つのマスのうちちょうど 3 つのマスにライフがいたら，次の世代にはそこに新たなライフが生まれる．簡単な例として，グライダーと呼ばれるパターンを紹介しよう．図 17.1 のパターンを順を追って調べてみてもらいたい．単純な規則で興味深い動きが見られるのがわかるだろう．

こうしたセル・オートマトンというモデルは，人工生命という言葉が考案された 1950–1960 年代から現在まで脈々と研究されている．例えば横 1 列に並んだ 1 次元のセル・オートマトンや，3 次元のセル・オートマトンなど，さまざまなモ

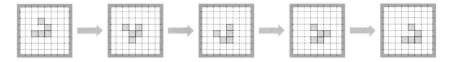

図 **17.1** ライフ・ゲームのグライダー

デルが研究されている．例えば，自分の両隣しか見られない有限状態の n セルからなる 1 次元セル・オートマトンにおいて，左端のセルのみが活動している初期状態からスタートして，全員が同時にある目的状態 t に変化できるか？という問題は，かなりパズルっぽい．もちろん，その時刻よりも前に一部のセルのみが目的状態 t になってもいけない．これは 1957 年に提案された「一斉射撃問題」と呼ばれる有名な問題で，どんな n に対しても動作する有限状態のセル・オートマトンが示されている．ちなみにこの問題に対して最初に解答を与えたのは，人工知能の研究者の間では伝説的な人物であるジョン・マッカーシー氏とマービン・ミンスキー氏である．有限個の状態というと，非常に複雑に思えるかもしれないが，1987 年には，わずか 6 状態のセル・オートマトンが見つかっている．ちなみに，4 状態では不可能であることがわかっているが，5 状態のものについては，今でも研究が続いている．

ライフ・ゲームの話に戻ろう．コンウェイ氏自身は後年，ライフ・ゲームについて話を振られると「I hate life game!!」と怒り出すので有名であった．筆者自身も一度だけ生で見たことがあるが，目が笑っていたので，あれは一つの持ちネタだったのではなかろうかと思っている．

ともあれ，ライフ・ゲームはパズル的要素が強く，多くの数学者やコンピュータ科学者を魅了してきた．かなり初期には，「有限個のライフで始めると，ライフの個数は有限個の範囲でしか増えないか？」という問題が研究されたが「グライダー砲」と呼ばれる，一定時間ごとにグライダーを生成して元に戻るパターンが見つかって終止符が打たれた．グライダー砲は，一列に整列したグライダーを無限に生成するので，有限個のライフが無限に増えることが示されたわけである．また，ややマニアックな話になるが，ライフ・ゲームを高速に実行するアルゴリズムの研究も脈々と続いていて，筆者の知る限りでは Golly というソフトウェアがその集大成として知られている[1]．この Golly の実行速度は驚異的であり，と

---

[1] https://golly.sourceforge.net/

てつもなく大きなライフの世代交代を超高速のリアルタイムで計算できる.

　ライフ・ゲームは，果たして人工生命と言えるのだろうか．その疑問はさておくとして，Golly の動作画面などを見ていると，単純なメカニズムなら簡単に模倣できそうに見える．実はかなり初期の研究の段階から，ライフ・ゲームはチューリング完全であることが知られている．これはつまり，どんなチューリング機械も，ライフ・ゲームで模倣できることを意味している．もう少し説明しよう．プログラミングの得意な読者であれば，Golly ほどでなくても，パソコン上でライフ・ゲームを実行するプログラムを作るのは簡単だろう[*2]．その逆に，マニアックなコンピュータ科学者たちは，ライフ・ゲームの上でチューリング機械を実行するパターンを作り上げたわけだ．つまり，どんな計算をするチューリング機械でも，それに対応して同じ計算をするライフ・ゲームを作ることができる．チューリング機械については付録の 125 ページを参照してもらいたいが，要するに今の私たちの使っているコンピュータの数理的な基礎モデルだ．つまり，コンピュータ上のどんな計算も，それと同じ計算をするライフ・ゲームを作ることができる．そしてそれは，Golly で実行できるのだ．原理的には.

　さて，話がややこしくなってきた．本章の前半と後半は，どうつながるのだろう．間をすべて省略して，結論だけ書いてしまおう．ライフ・ゲームの有限のパターンが与えられたとき，このパターンは，有限時間内にすべて絶滅してしまうのか，一定の繰り返し状態に陥るのか，あるいは無限に増え続けるのかという問題は，原理的に解けないのだ.

　こんなに単純でルールも明確なライフ・ゲームが原理的に解けないとは，驚きである．私たちのリアル・ライフ・ゲームが，多くの解けない謎に満ちているのも，当然といえば当然なのかもしれない.

[*2]　筆者も大学生のときには，自作したプログラムで生成したライフ・ゲームのパターンをラインプリンタで印刷して山ほど紙を消費した.

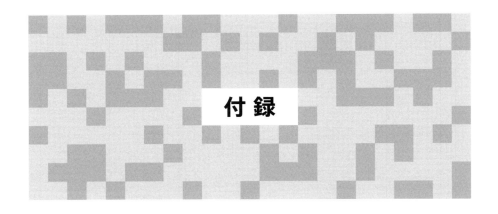

付録

　本章では，本文で出てきたいくつかの用語や概念をごく簡単に紹介する．まずパズルでよく出てくる図形についていくつか紹介し，次に，チューリング機械や計算量クラス NP・PSPACE と，こうした計算量クラスの完全問題について，ごく簡単に解説する．形式的で正確な定義については専門書 (例えば [4]) に譲ることにして，本書では，あくまで一般向けの直感的な説明に留めることにする．

ポリオミノ・ポリキューブ・ポリアボロ

　まずパズルで良く出てくる形を表現する用語を紹介しよう．本書で最も頻繁に出てきた形はポリオミノであろう．ポリオミノとは，単位正方形をいくつか，辺同士でつないだもので，今なら「テトリスに出てくる形」と言えばだいたい通用する．もう少し詳しく面積を特定するときは，面積が 1 のものがモノミノ，2 のものがドミノ，3 のものがトロミノ，4 のものがテトロミノ，5 のものがペントミノ，6 のものがヘクソミノといったところである．面積が k のものを k オミノということもある．ポリオミノの命名者は数学者ソロモン・ゴロム氏で，元々は大きさ 2 の「ドミノ」からの命名である．(余談だが 16 章で出てきたレプ・タイルもゴロム氏の考案だ．) 2 次元平面でポリオミノと来れば，3 次元空間ではポリキューブであろう．これは単位立方体を面同士でつないだものだ．どちらもコンピュータで扱いやすい形である．

やや出現頻度は下がるが，直角二等辺三角形を単位とした多角形がポリアボロである．ポリオミノを細分化したものと考えればよいだろう．こちらはタングラムや折り紙のボックス・プリーツなどで良く目にする形である．

これら以外にもいくつか名前のついた多角形や多面体があるが，ここではこれくらいにとどめておこう．

チューリング機械

チューリング機械はアラン・チューリング氏が「計算とは何か？」という問題に取り組むために考えた仮想的な機械である．構造は簡単で次のようなものである (図 A.1)．

有限制御部: 有限の状態を持つ．
1 次元の無限に長いテープ: バイナリの文字列がいくらでも記録できる．
テープヘッド: テープ上に置かれた読み書き用のヘッドで，その位置に書かれた文字を読んだり，上から書き込んだりできる．
ギア: テープを右か左に 1 つ移動する．

この「計算機」は，動作する前に次の準備を行う．

準備 1: 最初にテープに何らかの文字列が書かれている．これが入力である．
準備 2: 最初はテープヘッドは文字列の先頭に置かれている．

図 **A.1** チューリング機械

126 付録

準備3: 最初はチューリング機械は初期状態にある.

さて準備が整って電源が入ると,チューリング機械は次のように動作する.

読み取り: テープヘッドの文字を読む.

計算: 「今の状態」と「読んだ文字」の組合せによって,「次の状態」と「ヘッドの文字」と「右か左か」を決める.

実行: ヘッドの文字を書き換え,テープを右か左に動かし,次の状態に変化する.

以上で終わりである.チューリング機械は,初期状態のほかに,「受理状態」や「拒否状態」をもち,こうした状態に入ったら,入力された文字列を受理するか拒否して動作を停止する.どちらの状態にもなっていなかったら,上記の動作を繰り返す.

チューリング機械における「プログラミング」とは,「今の状態」と「読んだ文字」が与えられたときに,「次の状態」と「ヘッドの文字」と「右か左か」を表の形で用意することに相当する.つまり,ある表を前もって作っておいてチューリング機械を実行すると,それによって与えられた文字列を受理するか拒否するかが決まる.受理される文字列の集合が,そのプログラム(あるいは表)が認識する言語であると考える.そう,言語とは,所詮文字列の集合であり,チューリング機械とは,任意の文字列を「文法的に正しい文章」と「それ以外」に2分するメカニズムにすぎない.

これは果たして本当に「計算機」なのか?と思った読者もいるかもしれない.あまりにも機構が単純だ.しかし驚いたことに,このチューリング機械は,言語を認識するという意味において,今のスパコンと同じ計算能力があることが知られている.(計算時間やメモリ量は気にしていないことに注意する.)こんなに単純な機械でも,表を巧妙に設計すれば,どんな計算でも実現できるのだ.

少しコンピュータに詳しい読者なら,チューリング機械の中の「表」がCPUであり,テープが記憶装置(メモリ)であることに気づくかもしれない.しかしこれは実は話が少し逆だ.チューリングがチューリング機械という極めて単純

な計算メカニズムを考案したのは 1930 年代から 1940 年代のことで，（フォン・ノイマン式コンピュータと呼ばれる）今のコンピュータが作られるよりも前の話なのだ．正確には，この時代，チューリング氏，フォン・ノイマン氏，クルト・ゲーデル氏といった錚々たる天才たちが「計算できる関数」あるいは「計算する機械」というものにいろいろな形でアプローチしていた時代なのだ．

例えばフォン・ノイマン式コンピュータの画期的な特徴として「データもプログラムも同じように記憶装置に記録すれば良い」というアイデアがある．現代社会に生きる読者にとって，そんなことは当たり前に見えるかもしれない．しかし初期のコンピュータでは，与えられたデータに対する計算手順を，毎回配線をつなぎかえて実現していたのだ．つまり，データはデジタルデータとして与えられるが，プログラムを物理的な配線で与えていたのである．これは大変な手間であり，この物理的な配線を，データと同じように，いや，データとして記憶装置に書けば良いのだというのは当時は大きな発想の飛躍が必要であったに違いない．

上記のチューリング機械も，「入力データ」と「CPU」はあるものの，作業用のメモリがないことに気づいた読者もいたかもしれない．これは，テープが無限に長いことを利用して，「入力データ」の後の空き領域に書いていけばよい．それはプログラミングが大変なのでは？と思った読者は正しい．そう，チューリング機械でのプログラミングは大変なのだ．現実的ではない．チューリング機械は，機能を極限まで削り落とした理論的なモデルであって，現実的なプログラミングをするための機械ではない．とにかく「計算できる関数」を計算する最低限の仕掛けがあれば，それでよい．

逆に言えば，現在のコンピュータで解ける問題は，計算に必要な時間やメモリの効率を無視すれば，原理的にはすべてチューリング機械で解くことができる．これは CPU やメモリを上記のメカニズムで模倣してやればよい．この発想はチューリングの万能定理によく現れている．チューリング は，万能チューリング機械が存在することを証明した．ここでいう万能チューリング機械とは，「与えられた任意のチューリング機械の動作を模倣するチューリング機械」のことである．現在のコンピュータの用語で言えば，シミュレータあるいは仮想機械と呼ばれる技術である．要するにあるコンピュータの上で，別のコンピュータの動きを模倣するわけだ．こう言ってしまうと身も蓋もなくなってしまうが，1940 年

128 付録

代，すなわち現実的なコンピュータが生まれるか生まれないかの時代に，頭の中だけでそれを思いついたのは，まさにチューリング氏の天才的な発想と言えるだろう．

　ともあれ，この時代にはさまざまな研究者たちが「計算できる関数」を模索していた．そして (驚くべきことに！) こうした多くの異なるアプローチで研究されていたさまざまな「計算できる関数」が実はすべて同じであることが徐々に明らかになる．それは計算の理論とか計算量の理論と呼ばれる分野が生まれた瞬間でもある．

■計算可能な関数と計算量クラス

　上記の「計算できる関数」たちがすべて同じであるとは，どういう意味だろう．17 章で出てきたライフ・ゲームに再登場願おう．

　コンウェイのライフ・ゲームの初期配置が与えられたとき，このパターンは，有限時間内にすべて絶滅してしまうのか，一定の繰り返し状態に陥るのか，あるいは無限に増え続けるのかという 3 通りの結末しかない．考えてみると，前者の 2 つの場合は，原理的にはチューリング機械で結論を見つけることができる．つまり，チューリング機械でライフ・ゲームを模倣すればよいのだ．私たちの場合は Golly があるので，もうそこはできている．

　逆に，ライフ・ゲームでチューリング機械を模倣することもできる．要するにチューリング機械のメカニズムを模倣する巨大なライフ・ゲームを設計すればよい．例えばグライダーを一列に並べたものは，1 次元のテープとして使えそうだ．単位となる距離を決めておいて，グライダーがあれば 1，なければ 0 だと解釈すればよい．実際，Golly の Web ページを見ると，これに似たアイデアの多くのパターンを見つけることができる．このようにして，チューリング機械の一つひとつの計算要素を，うまくデザインしたライフ・ゲームのパターンで実現し，それらをブロックのように組み合わせれば，チューリング機械の計算動作をライフ・ゲームで模倣することができる．本質的にはライフ・ゲームを用いたプログラミングとも言える．(古くは LOGO，新しくは Scratch など，こういう発想のプログラミング言語も実際にいくつか考案・実装されている．)

計算可能な関数と計算量クラス　129

　まとめると，私たちは「チューリング機械でライフ・ゲームを模倣できる」ことと「ライフ・ゲームでチューリング機械を模倣できる」ことがわかった．だとすれば，この 2 つの計算メカニズムは本質的に同じ「計算能力」を持っていると言ってよいだろう．つまり，チューリング機械で計算できることと，ライフ・ゲームで計算できることとは，同じであると言える．

　かつてさまざまな計算のメカニズムが提案され，これらが実はすべて同じであることが明らかになったが，これらはすべてこうした技法で証明されている．人間が自然に思いつく計算メカニズムが，詰まるところどれも同じであることがわかり，それを「計算できる関数」として共通認識としたわけだ．

計算量クラス

　さて計算できる関数はわかったが，その内部構造はどうなっているのだろう．計算できる関数の中には，当然，難しい関数や易しい関数があるに違いない．こうした違いを細分化するため，多くの計算量クラスが提案され，研究されている．中心となる問題はミレニアム懸賞問題として有名な「$P \neq NP$ 予想」だ．本章では，本書で出てくる NP と PSPACE と，ついでに P について簡単に紹介しよう．

　まずチューリング機械の計算の機構をもう一度よく見てみる．チューリング機械が動き出したその瞬間，テープ上には入力文字列が書かれている．この文字列は 0 と 1 の羅列だ．この入力された列の長さを n としよう．チューリング機械は，必要に応じて，そのテープの後ろの方を作業用のメモリとして使う．私たちが普段使っているコンピュータでも同じことだが，計算に必要な資源は，計算にかかる時間と，計算に必要なメモリ量だ．チューリング機械が停止するまでの動作のステップ数を時間計算量といい，使用するメモリの量を領域計算量という．どちらも n の関数で表す．正確に言えば，ある問題を解くチューリング機械があって，これがどんな入力に対しても高々 $f(n)$ ステップで停止するとき，その問題の時間計算量は $f(n)$ であるという．領域についても同じだ．こうした計算量は，特定のチューリング機械で与えられる上界であることに注意しよう．その問題を解く，もっと効率の良いチューリング機械が設計できれば，その問題の計算量は改善されることになる．つまり，ある問題に対して，より良いアルゴリズムが見つかれば，問題の難しさが下がるわけだ．

130　付録

　ここで，ある問題 X を考えよう．この問題 X の答えは Yes か No だ．例えば
「このペンシルパズルの問題には解がありますか？」といった具合だ．この盤面
を長さ n の文字列で表現してチューリング機械で解くことにしよう．皆さんが優
れたプログラマで，どんな盤面に対しても，盤面を表す文字列の長さ n に対する
多項式時間で解の有無を判定して停止するプログラムが作れたとすれば，この問
題 X はクラス P に入る．これが時間計算量クラス P の定義だ（P は Polynomial
time の頭文字である）．また，どんな盤面に対しても n に対する多項式領域で停
止するプログラムが作れたら，この問題 X はクラス PSPACE に入る．これが
領域計算量クラス PSPACE の定義だ（PSPACE は Polynomial SPACE の略記で
ある）．

　クラス NP は少し定義が難しい．いくつかの流儀があるが，ここではペンシル
パズルの例で説明しよう．ペンシルパズルの問題が解けるかどうかを直接問うの
ではなく，その問題の解の候補 S を入力として一緒に与える．つまり「このペン
シルパズルの問題に対して，S は解ですか？」といった具合だ．この問題 X と
解の候補 S に対して，具体的な S が解になっているかどうかが X と S の長さの
多項式時間で解けるとき，この問題は計算量クラス NP に入る．この NP という
用語は Nondeterminisitic Polynomial の略で，日本語では非決定的に多項式時間
で解けることを意味している．「非決定的」というナゾの用語は本書では深入り
しないが，「非決定的」に S を作れるかどうかということを意味している．

　もう少し説明を追加しよう．具体的に数独を考える．ここで考える数独は数字
は $9 = 3 \times 3$ 種類ではなく，k^2 種類あるものとする．つまり $(k^2) \times (k^2)$ の大きさ
の盤面が $k \times k$ の正方形 k^2 個に分割されていて，それぞれの正方形，縦，横に
k^2 種類の数字を 1 つずつ埋めるのが目的だ．あなたには，まずこの一般化数独
の問題が与えられる．この盤面は空白だらけだ．そして最初の問いかけは「この
盤面には解はありますか？」というものだ．これは楽しい．あるいは難しい．と
もかく，これは簡単に解けるかどうかわからない．次に，空白を埋める数字がす
べて与えられる．そして聞かれる．「この盤面の空白をすべてこうやって埋めた
ものは，数独の解ですか？」これは解くのは簡単だ．実際に，正方形，縦，横と
k^2 種類の数字が 1 つずつ入っていることを確かめればよい．さて，これであなた
は計算量クラス P と NP とミレニアム懸賞問題「P $\neq$ NP 予想」に向き合う準

備ができた.

　まず，空白がすべて埋められた数独の盤面が与えられたとき，それが数独の解になっているかどうかを確かめる効率のよいアルゴリズムが存在する．これは k に対する多項式時間で動く．したがってこの問題は P に属する．

　こうした性質をもつため，空白だらけの盤面が与えられて，これを満たす解が存在するかどうかを問われたとき，あなたは「解の候補を教えてくれれば，多項式時間で判定できる」と言える．このときの，この「空白の盤面が解を持つかどうかを判定する問題」がクラス NP に属する．それは，「解の候補が与えられれば，それが解であるかどうかは簡単に計算できる」という性質を持つからだ．

　ミレニアム懸賞問題「P ≠ NP 予想」は，この 2 つの問題の難しさは本質的に違うだろうという予想だ．つまり「自分で解を見つける問題」は「与えられた候補が解であるかどうかを確認する問題」よりも真に難しいというのが「P ≠ NP 予想」である．言い方を変えれば，一般化数独を効率よく (多項式時間で) 解くアルゴリズムは存在しないだろうというのが「P ≠ NP 予想」の言い換えになっている．要するに，「一般化数独が NP 完全である」という定理は，そういうことを主張している．

　3 章では，多くのペンシルパズルが NP 完全であるということを紹介した．言い換えると，これらはすべて，「解の候補が与えられれば，それが解であることは，すぐ確かめられる」一方で，「解が与えられない問題は，たくさんある選択肢から，うまく正しい選択肢だけを選ぶ必要がある」という性質をもつ．もっと言えば，「P ≠ NP 予想」とは，「与えられた解が本当に解であることを確認する問題」よりも，「自分で解を見つける問題」の方が，本質的に難しいという予想なのだ．逆に P = NP であれば，これらの問題はすべて，解を見つけることと，教えられた解の正しさを確認することが本質的に同じ難しさだということになる．

　「そんなのは，解を見つける方が難しいに決まってるじゃん」と思った読者は，「P ≠ NP 予想」が成立することを確信したことになる．では，そこを数学的に厳密に証明してみよう．それができれば，ミレニアム懸賞問題が無事に解決して，賞金をゲットできる．この問題こそが，この分野のラスボスであり，パズルの中のとびっきりの真のパズルなのかもしれない．

参考文献

[1] Martin Gardner. *Hexaflexagons, Probability Paradoxes, and the Tower of Hanoi*, Cambridge University Press, 2008. (邦訳『ガードナーの数学パズル・ゲーム ——フレクサゴン/確率パラドックス/ポリオミノ』岩沢宏和，上原隆平訳，日本評論社，2015 年)

[2] The Tower of Hanoi. James Dalgety. `https://www.puzzlemuseum.com/month/picm07/2007-03_hanoi.htm` (世界 3 大パズルコレクションの一つはイギリスにあるが，この Web ページはその管理者 James Dalgety によるもの.)

[3] Henry Ernest Dudeney. *The Canterbury Puzzles*, 1907. (邦訳『カンタベリー・パズル』伴田良輔訳，ちくま学芸文庫，2009 年)

[4] Robert A. Hearn and Erik D. Demaine. *Games, Puzzles, and Computation*, Cambridge University Press, 2009. (邦訳『ゲームとパズルの計算量』上原隆平訳，近代科学社，2011 年)

[5] Joep Hamersma, Marc van Kreveld, Yushi Uno and Tom C. van der Zanden. Gourds: a sliding-block puzzle with turning. *International Symposium on Algorithms and Computation* (ISAAC 2020), LIPIcs Vol. 181, pp. 33:1–33:16, 2020.

[6] Chuzo Iwamoto and Tatsuya Ide. Computational Complexity of Nurimisaki and Sashigane. *IEICE Transactions on Fundamentals of Electronics, Communications and Computer Sciences*, Vol. E103-A, No. 10, pp. 1183–1192, 2020.

[7] Leo Alcock, Sualeh Asif, Jeffrey Bosboom, Josh Brunner, Charlotte Chen, Erik D. Demaine, Rogers Epstein, Adam Hesterberg, Lior Hirschfeld, William Hu, Jayson Lynch, Sarah Scheffler, and Lillian Zhang. Arithmetic Expression Construction, *International Symposium on Algorithms and Computation* (ISAAC 2020), LIPIcs Vol. pp. 181, 12:1–12:15, 2020.

[8] Jerry Slocum and Dic Sonneveld. *The 15 Puzzle*, The Slocum Puzzle Foundation, 2006.

[9] D. Ratner and M. Warmuth. The (n^2-1)-puzzle and related relocation problems, *Journal of Symbolic Computation*, Vol. 10, pp. 111–137, 1990.

[10] Erik D. Demaine and Mikhail Rudoy. A simple proof that the (n^2-1)-puzzle is hard, *Theoretical Computer Science*, Vol. 732, pp. 80–84, 2018.

[11] Jerry Slocum. *The Tangram Book: The Story of the Chinese Puzzle with Over 2000 Puzzles to Solve*, Sterling Publishing, 2004.

[12] Eli Fox-Epstein, Kazuho Katsumata, and Ryuhei Uehara. The Convex Configurations of "Sei Shonagon Chie no Ita," Tangram, and Other Silhouette Puzzles with Seven Pieces, *IEICE Trans.*, Vol. E99-A, pp. 1084–1089, 2016.

[13] Erik D. Demaine, Matias Korman, Jason S. Ku, Joseph S. B. Mitchell, Yota Otachi, André van Renssen, Marcel Roeloffzen, Ryuhei Uehara, and Yushi Uno. Symmetric Assembly Puzzles are Hard, Beyond a Few Pieces, *Computational Geometry: Theory and Applications*, Vol. 90, pp. 101648:1–11, 2020.

[14] Tetsuo Asano, Erik D. Demaine, Martin L. Demaine, and Ryuhei Uehara. NP-completeness of generalized Kaboozle, *Journal of Information Processing*, Vol. 20, No. 3, pp. 713–718, 2012.

[15] Jeffrey Bosboom, Erik D. Demaine, Martin L. Demaine, Adam Hesterberg, Pasin Manurangsi, and Anak Yodpinyanee. Even $1 \times n$ Edge Matching and Jigsaw Puzzles are Really Hard, *Journal of Information Processing*, Vol. 25, pp. 682–694, 2017.

[16] Ko Minamisawa, Ryuhei Uehara, and Masao Hara. Mathematical Characterizations and Computational Complexity of Anti-Slide Puzzles, *Theoretical Computer Science*, Vol. 939, pp. 216–226, 2023.

[17] Erik D. Demaine, Martin L. Demaine, Sarah Eisenstat, Anna Lubiw, and Andrew Winslow. Algorithms for Solving Rubik's Cubes, *Annual European Symposium on Algorithms* (ESA 2011), LNCS Vol. 6942, pp. 689–700, 2011.

[18] Erik D. Demaine, Sarah Eisenstat, and Mikhail Rudoy. Solving the Rubik's Cube Optimally is NP-complete, *International Symposium on Theoretical Aspects of Computer Science* (STACS 2018), LIPIcs Vol. 96, pp. 24:1–24:13,

2018.

[19] Yasuaki Kobayashi, Koki Suetsugu, Hideki Tsuiki, and Ryuhei Uehara. On the Complexity of Lattice Puzzles, *International Symposium on Algorithms and Computation* (ISAAC 2019), LIPIcs Vol. 149, pp. 32:1–32:12, 2019.

[20] Helmut Alt, Hans Bodlaender, Marc van Kreveld, Günter Rote, and Gerard Tel. Wooden Geometric Puzzles: Design and Hardness Proofs, *Theory Comput. Syst.*, Vol. 44, pp. 160–174, 2009.

[21] Hugo A. Akitaya, Kenneth C. Cheung, Erik D. Demaine, Takashi Horiyama, Thomas C. Hull, Jason S. Ku, Tomohiro Tachi, and Ryuhei Uehara. Box pleating is hard, *Japan Conference on Discrete and Computational Geometry and Graphs* (JCDCGG 2015), LNCS Vol. 9943, pp. 167–179, 2015.

[22] 上原隆平『計算折り紙入門 —— あたらしい計算幾何学の世界』，近代科学社，2018 年.

[23] Greg N. Frederickson. *Dissections: Plane & Fancy*, Cambridge University Press, 2003.

[24] Ryuhei Uehara and Shigeki Iwata. Generalized Hi-Q is NP-Complete. *The Transactions of the IEICE*, Vol. E73, No. 2, pp. 270–273, 1990.

[25] Tamami Okada and Ryuhei Uehara. Research on dissections of a net of a cube into nets of cubes, *IEICE Trans.*, Vol. E105-D, pp. 459–465, 2022.

[26] Mutsunori Banbara, Kenji Hashimoto, Takashi Horiyama, Shin-ichi Minato, Kakeru Nakamura, Masaaki Nishino, Masahiko Sakai, Ryuhei Uehara, Yushi Uno, and Norihito Yasuda. Solving Rep-tile by Computers: Performance of Solvers and Analyses of Solutions, *arXiv*:2110.05184, 2021.

[27] Donald E. Knuth. *The Art of Computer Programming: Dancing Links*, Vol. 4, pre-fascicle 5c, 2019.

[28] Ryuhei Uehara. Computational Complexity of Puzzles and Related Topics, Interdisciplinary Information Sciences, Vol. 29, No. 2, pp. 119–140, 2023.

おわりに

　本書は『数学セミナー』2021 年 4 月号から 2022 年 3 月号までの連載記事を大幅に書き直して，新しい章をかなり追加した．雑誌連載中は多くの方に教えを請い，また間違いや思い違いを指摘された．本書の執筆にあたっては，さらに多くの方に相談に乗っていただいた．快く対応してくれたパズル仲間，特に秋山久義氏・岩沢宏和氏・岩瀬尚之氏・植松峰幸氏・勝元甫氏・田守伸也氏・濵中裕明氏・三浦航一氏に深く感謝する．また 3 章の執筆にあたっては，広島大学の岩本宙造氏に大変世話になった．

　本書では，計算量的な視点からみたパズルの難しさ，あるいはパズルの難しさを知ることの難しさを紹介した．本書は計算量の専門書ではないので，証明は基本的にはすべて省略し，結果の面白みだけを伝えるように努力したつもりである．また，参考文献も最小限にとどめた．付録もかなり絞り込んだつもりである．本書で欠けているこうした文献情報や証明については，別途サーベイ論文 [28] にまとめて出版した．本書をきっかけに，より深く専門的な内容も含めて知りたくなった読者は，こちらのサーベイ論文にも挑戦してもらいたい．

　『数学セミナー』の連載記事をまとめ直すにあたって，図をかなり整理した．著者は，所属する大学にある「JAIST ギャラリー」のギャラリー長を長く勤めている．JAIST ギャラリーには，故・芦ヶ原伸之氏のパズルコレクションが約 10,000 点収蔵されており，データベースも整備しつつある[*1]．本書執筆にあたって，収蔵品の写真を拝借する手もあったが，図 10.1 を除いて，すべての写真は著者が自分のコレクションの一部を自分で撮影したものである．ちょうど良い機会と思い，記憶と相談しながら自分のコレクションの中から望んだものを見つけ

[*1]　JAIST ギャラリーのデータベースは，基本的な構造はほぼ完成しており，一般公開に向けて準備中である．

出す作業は，おおむね楽しいものであった．(写真を撮り，片付けてから，さらなる関連パズルが出てきて撮り直したことも何度かあり，ややうんざりすることもあったが．)

　ところで，こうしたパズルを自分でも入手したいと思う読者もいるに違いない．最近はインターネット上の通信販売で何でも手に入りそうであるが，そうでもない．大量生産のパズルはともかく，作者が限定的に作成したものを扱っているパズルショップは，関東であればトリト (http://www.torito.jp/)，関西であれば葉樹林 (http://www.puzzlein.com/) が充実している．こうしたショップで入手できない場合は，作者から直接入手するしかない．例えばパズル作家集団 ASOBIDEA (http://asobidea.co.jp/)，えぢ永田氏のパズラボ (http://puzzlab.com/)，浅香遊氏 (https://jigsaw29.thebase.in/) の作品などは直接購入することができる．

　また，図 2.7，図 6.9 (一部)，図 12.2，図 12.4，図 12.5，図 12.8 のパズルは，個々のパズルの作者名は記したが，これらは植松峰幸氏のプロデュースによって世に出たものである．同氏による質の高いパズルは，Facebook 経由で入手可能なものもある．

　ところで日本には大きく 2 つのパズルソサエティがある．関東のパズル懇話会，関西の関西ぱずる会がそれだ．これらの団体は，新型コロナ禍以前には定期的に集まってミーティングを行っていた．こうしたソサエティに参加すると，パズル作家の知り合いが増え，パズルの入手手段も増える．そこから先に進もうとすると，コレクターの闇が待ち構えているので，そこは覚悟が必要になる．筆者は自宅も職場も，モノや情報が単調増加傾向にあり，家族や職場の人々の理解と寛容には，感謝しかない．

　本書やサーベイ論文 [28] の内容は，できるだけ最新のものにアップデートしたつもりである．しかしどうしても古くなることもあろう．最新情報や補足情報を https://www.jaist.ac.jp/~uehara/books/puzzle/index.html に載せているので，適宜参照されたい．

　パズルの楽しさ，そしてパズルの難しさ，さらにパズルの難しさを研究することの楽しさが少しでも伝われば，著者には望外の喜びである．Happy Puzzling!!

索 引

● 数字・アルファベット

10-8 Puzzle	*15*
15 パズル	*15, 16, 29, 72*
3 進数	*80*
4L Basket	*86*
6 オミノ	*114, 115*
ASOBIDEA	*138*
Bastille	*85*
BurrTools	*115*
CARAMEL BOX	*84, 90*
CASINO	*85, 90*
Chiral 2 & 2	*86*
dancing link	*115*
Eternity II	*55*
Fourty One	*112*
Framed Jigsaw	*88*
GI	*78*
GI 完全問題	*77*
Golly	*122*
Hi-Q	*107*
IPP	*14*
JAIST ギャラリー	*137*
Kaboozle	*49, 94*

LA シンポジウム	*12*
Leaf 15	*32*
Legal Packing	*89*
Linking Rings	*14*
LITS	*19*
Lucida	*84, 90*
MINIMA	*87*
NP	*61, 78, 129, 130*
NP 完全 (性)	*10, 19, 21, 27, 34, 50,*
	75, 108, 116, 131
NP 完全問題	*67, 72, 77, 116*
NP 困難性	*96*
ODD パズル	*83, 90*
P	*78, 129, 130*
P ≠ NP 予想	*iii, 21, 72, 113,*
	129〜131
Penta in Box	*85*
PSPACE	*10, 61, 78, 129, 130*
PSPACE 完全	*75*
PSPACE 完全問題	*10〜12*
Recreational Mathematics Magazine	
	24
SAT 系ソルバ	*116*

Slide & Place Jr.	13	カンタベリー・パズル	7, 102
Slide Packing	85	カントリーロード	19
Sliding Metamorphosis	14	切手折り問題	50, 97
Strand Magazine	24	逆ポーランド記法	27
Sudoku	17	キュービスト	70
Tokyo Parking	11	キューブパズル	68
T パズル	35	切るパズル	100

● あ行

アルゴリズム	i, 61, 117
アルゴリズム特許	116
アンチスライド	62, 66
アンチスライドパズル	62
市松模様を折るパズル	94
一斉射撃問題	122
移動計画	91
ウソワン	19
折り紙	93
折るパズル	93, 94, 98, 100

● か行

カーマーカー法	116
可逆性	109
重ねるパズル	45
可算無限	120
カックロ	19, 23
からくり	78, 81
からくり箱	79
関西ぱずる会	138
完全マッチング	57
完全問題	10

偶奇性	31
組合せ遷移問題	iii, 10
組木	78, 79
組木細工	76
組む手順	78
グラフアルゴリズム	58
グラフ同型性判定問題	74, 77
グラフ理論	57
グレイ・コード	7
クロス	105
クロスバーパズル	75, 76
クロスワードパズル	17, 53
クロット	19
黒マスはどこだ	19
計算折り紙	96
計算できる関数	127, 128
計算の理論	128
計算不能なパズルとコンウェイのライフ・ゲーム	119
計算量	i, 96
計算量の理論	128
格子パズル	75
後置記法	27

● さ行

最短手数	*34*
最適な手順	*3*
さしがね	*19*
さとがえり	*19*
算法	*61, 117*
シェルピンスキーのギャスケット	
	3, 7
四角に切れ	*19*
ジグソー 16	*59*
ジグソー 19	*55*
ジグソー 29	*55*
ジグソーパズル	*53*
シャカシャカ	*19*
ジャングラム	*40*
充足可能性問題 SAT	*116*
賞金付きのパズル	*55*
シルエットパズル	*35, 45, 82*
人工生命	*121, 123*
人工知能	*122*
『数学セミナー』	*31, 137*
数独	*17, 19, 130, 131*
スライディングブロックパズル	
	8, 29, 34, 48, 78, 82
スライド・パッキングパズル	*82*
スラローム	*19*
スリザーリンク	*19*
正 4 面体	*102*
清少納言智慧の板	*37*
整数計画問題	*116*

正方形	*105*
正方格子	*64*
制約論理	*9*
セル・オートマトン	*ii, 121*
遷移可能性	*33*
線形計画問題	*116*
線対称	*42*
倉庫番	*12*
相似形	*43*

● た行

対角線論法	*120*
対称形	*42, 43, 45*
対称形パズル	*61*
タイリング	*104*
タイルペイント	*19*
駄玩具	*47*
多項式時間アルゴリズム	*58, 75*
タタミバリ	*19*
裁ち合わせ (パズル)	*14, 100, 102*
ダッドパズル	*8*
縦横さん	*19*
谷折り	*93*
タングラム	*35, 82, 125*
地図折り問題	*97*
千鳥格子	*77*
チューリング完全	*123*
チューリング機械	*ii, 13, 117, 123,*
	125, 127〜129
長方形アウト	*14*

月か太陽	19	バケットソート	111
停止性判定問題	119	箱入娘	8
デーンの定理	102	箱詰め手順パズル	82
手順が必要な箱詰めパズル	82	橋をかけろ	19
テトロミノ	124	パズル懇話会	98, 138
手に負えない問題	3	パズルソルバ	115
手回し式計算機	81	パッキングパズル	82
天体ショー	19	ハッシュ	111
解けないパズル	32	パネックス	5
戸田の定理	22	ハノイの塔	1, 80
ドッスンフワリ	19	ハミルトン閉路問題	108
凸多角形	38	万能チューリング機械	127
ドミノ	124	万能デバッガ	119
トリト	138	非可算無限	120
トロミノ	124	非決定的	130
		美術館	19
● な行		ひとりにしてくれ	19
流れるループ	19	ビンてまり	92
ナンバーリンク	19	ファイブセルズ	19
ナンプレ	17	フィルオミノ	19
ニコリ	17	不可能物体	91, 92
沼パズル	54, 57	覆面算	24, 26
ぬりかべ	19	プログラミング言語	117
ぬりみさき	19	平坦折り問題	96
ぬりめいず	19	ヘクソミノ	124
ネットワーク構造	74	ペグソリテア	34, 107
のりのり	19	ペグソリテアフォント	111
		へびいちご	19
● は行		へやわけ	19
バード11	57	ヘルゴルフ	19
波及効果	19		

ペンシルパズル	17, 34, 108, 130, 131
ペントミノ	124
ボックス・プリーツ	96, 125
ボトルシップ	90, 91
ボヤイの定理	101
ポリアボロ	38, 124, 125
ポリオミノ	63, 66, 91, 124
ポリキューブ	84, 90, 91, 124

● ま行

マーティン・ガードナーを囲む会	94
マカロ	19
マジック定規	46
ましゅ	19
マッチングパズル	52, 55, 59, 75
未解決問題	102
ミレニアム懸賞問題	iii, 21, 72, 129～131
虫食い算	24, 26
メイク 10	24, 27
命題論理式	116
モーション・プランニング	91
モノミノ	124

● や行

ヤジリン	19
山折り	93
山谷割当て	97
山中組木	79

葉樹林	14, 138
寄木細工	79
よせなべ	19

● ら行

ライフ・ゲーム	ii, 121～123, 128
ラッシュアワー	11
ラテンクロス	105
立方体	102
量子コンピュータ	118
ルービック・キューブ	68
レプ・タイル	114, 115, 124
ロジックパズル	58

人名索引

● あ行

秋山久義　　　　　　25, 38, 137
浅香遊　　　　　　　54, 57, 138
浅野哲夫　　　　　　50
あべみのる　　　　　13
安野光雅　　　　　　81
石野恵一郎　　　　　98
伊藤健洋　　　　　　10
岩沢宏和 (iwahiro)　14, 31, 83, 137
岩瀬尚之　　　　　　14, 137
岩田茂樹　　　　　　107
岩本宙造　　　　　　19, 137
植松峰幸　　　　　　15, 137, 138
えぢ永田　　　　　　138
エプシュタイン (David Eppstein)
　　　　　　　　　　25
奥村俊文　　　　　　20
オドリング (E. F. Odling)　25

● か行

ガードナー (Martin Gardner)　i, 8,
　　　　　　　　98, 102, 107
笠井琢美　　　　　　107

勝元甫　　　　　　　85, 88, 137
亀井明夫　　　　　　79
カルバーソン (Joseph Culberson)
　　　　　　　　　　12
北沢忠雄　　　　　　42
kiyori　　　　　　　92
クヌース (Donald Ervin Knuth)
　　　　　　　　　　7, 115
ゲーデル (Kurt Gödel)　127
小林孝次郎　　　　　12
ゴロム (Solomon Golomb)　124
コンウェイ (John Conway)
　　　　　　　　ii, 121, 122
コンスタンティン (Jean Claude Con-
　stantin)　　　　　90, 91

● さ行

佐伯元春　　　　　　27
佐藤洸風　　　　　　13
佐藤隆太郎　　　　　33
ジュスタン (Jack Justan)　93
ション (Chuan-Chin Hsiung)　38
ストライボス (Wil Strijbos)　62

人名索引　145

スローカム (Jerry Slocum)　　*31*
瀬田剛広　　*23*

● た行
田守伸也　　*25, 92, 137*
チューリング (Alan Turing)
　　ii, 125, 127
テオバルド (Gavin Theobald)
　　104, 105
デュードニー (Henry Ernest Dudeney)
　　24, 93, 102, 104
戸田誠之助　　*22*
ドメイン，エリック (Erik Demaine)
　　9, 28, 51, 94
ドメイン，マーティン (Martin Demaine)　　*51*

● な行
西村治道　　*27*
ノイマン (John von Neumann)　　*127*
野路嗣光　　*14*

● は行
バーウィック (William Berwick)　*25*
ハーン (Robert Hearn)　　*9*
橋本泰弘　　*84*
パパデミトリゥ (Christos Papadimitriou)　　*22*
濱中裕明　　*103, 137*
ハンター (James A. H. Hunter)　　*24*
フェニヒ (Grégoire Pfennig)　　*69*

ブシェ (Frederic Boucher)　　*87*
藤村幸三郎　　*24, 57*
フレデリクソン (Greg Frederickson)
　　104, 105
ヘイズ (Barry Hayes)　　*96*
別宮利昭　　*75, 76*
ヘメルスマ (Joep Hamersma)　　*15*
ベルン (Marshall Bern)　　*96*

● ま行
前川淳　　*114*
松浦昭洋　　*7*
マッカーシー (John McCarthy)　*122*
三浦航一　　*15, 86, 89, 137*
ミンスキー (Marvin Minsky)　　*122*

● や行
山本長徳　　*84*
山本浩　　*13, 42*
芦ヶ原伸之　　*11, 137*

● ら行
ラトゥセック (Volker Latussek)　*85*
リュカ (Édouard Lucas)　　*1*
リングレン (Harry Lindgren)　　*104*
ルービック (Rubik Ernő)　　*68*
ロイド (Sam Loyd)　　*30*

● わ行
ワン (Fu Traing Wang)　　*38*

上原隆平（うえはら・りゅうへい）

電気通信大学大学院情報工学専攻博士前期課程修了.
同大学院にて論文博士（理学）.
現在，北陸先端科学技術大学院大学副学長・研究科長・教授.

芦ヶ原伸之氏のパズルコレクションを保有する JAIST ギャラリーのギャラリー長.
パズル懇話会，関西ぱずる会，日本折紙学会会員.

おもな著訳書

『幾何的な折りアルゴリズム』（近代科学社，2009）

『ゲームとパズルの計算量』（近代科学社，2011）

『折り紙のすうり』（近代科学社，2012）

『はじめてのアルゴリズム』（近代科学社，2013）

『計算折り紙入門』（近代科学社，2018）

『ガードナーの数学パズル・ゲーム』（監訳，日本評論社，2015）

『ガードナーの数学娯楽』（監訳，日本評論社，2015）

『ガードナーの新・数学娯楽』（監訳，日本評論社，2016）

『ガードナーの予期せぬ絞首刑』（監訳，日本評論社，2017）

パズルの算法
手とコンピュータでのパズルの味わい方

2024 年 9 月 30 日　第 1 版第 1 刷発行

著者 ——————— 上原隆平
発行所 ————— 株式会社　日本評論社
　　　　　　　　〒 170-8474 東京都豊島区南大塚 3-12-4
　　　　　　　　電話　(03) 3987-8621 [販売]
　　　　　　　　　　　(03) 3987-8599 [編集]
印刷所 ————— 三美印刷
製本所 ————— 牧製本印刷
装丁 ——————— 図工ファイブ
図版 ——————— 溝上千恵

©Ryuhei UEHARA 2024
Printed in Japan
ISBN 978-4-535-78987-6

JCOPY 《(社) 出版者著作権管理機構 委託出版物》

本書の無断複写は著作権法上での例外を除き禁じられています．複写される場合は，そのつど事前に，(社)
出版者著作権管理機構（電話：03-5244-5088, fax：03-5244-5089, e-mail：info@jcopy.or.jp)
の許諾を得てください．
また，本書を代行業者等の第三者に依頼してスキャニング等の行為によりデジタル化することは，個人
の家庭内の利用であっても，一切認められておりません．

完全版
マーティン・ガードナー数学ゲーム全集
岩沢宏和・上原隆平[監訳]

レクリエーション数学はこの本抜きには語れない！

数学パズルの世界に決定的な影響を与え続ける名コラム「数学ゲーム」を，パズル界気鋭の二人が邦訳．25年以上にわたり綴られた内容を一堂に収め，近年の進展についても拡充した決定版シリーズ．

❶ ガードナーの数学パズル・ゲーム
フレクサゴン/確率パラドックス/ポリオミノ
■四六判 ■定価2,420円(税込)

❷ ガードナーの数学娯楽
ソーマキューブ/エレウシス/正方形の正方分割
■四六判 ■定価2,640円(税込)

❸ ガードナーの新・数学娯楽
球を詰め込む/4色定理/差分法
■四六判 ■定価3,300円(税込)

❹ ガードナーの予期せぬ絞首刑
ペグソリテア/学習機械/レプタイル
■四六判 ■定価3,630円(税込)

日本評論社
https://www.nippyo.co.jp/